本书由国家自然科学基金项目（NO.41671213）、中国地质调查局黄河流域岩溶区碳循环综合环境地质调查项目（121201107000150004）和全国典型地区自然资源碳汇综合调查与潜力评价工程（DD20230111）联合资助出版

黄河流域碳循环过程及岩溶碳汇效应

张连凯　曹建华　主编

气象出版社
China Meteorological Press

内容简介

本书对黄河流域碳循环过程开展调查研究,分别选取黄河上游到下游的三个典型岩溶区和一个黄土覆盖区进行深入分析,利用水化学方法和溶蚀试片法,对典型小流域的碳循环过程、碳汇发生机理、主要影响因素等进行探讨,采用优化的Galy模型对黄河流域碳循环和碳汇通量进行估算,得到黄河流域不同地质背景、不同气候条件的碳汇速率和通量情况,为区域碳汇估算和流域系统碳汇调查提供基础资料和研究方法。

本书可供从事流域碳循环和岩溶碳汇调查研究的高校科研院所师生和研究人员参考。

图书在版编目(CIP)数据

黄河流域碳循环过程及岩溶碳汇效应 / 张连凯,曹
建华主编. -- 北京:气象出版社,2023.11
ISBN 978-7-5029-8104-4

Ⅰ. ①黄… Ⅱ. ①张… ②曹… Ⅲ. ①黄河流域-碳
循环-研究 Ⅳ. ①P9②X511

中国国家版本馆CIP数据核字(2023)第221286号

Huanghe Liuyu Tanxunhuan Guocheng ji Yanrong Tanhui Xiaoying
黄河流域碳循环过程及岩溶碳汇效应
张连凯 曹建华 主编

出版发行:气象出版社

地　　址:北京市海淀区中关村南大街46号	邮政编码:100081
电　　话:010-68407112(总编室)　010-68408042(发行部)	
网　　址:http://www.qxcbs.com	E-mail:qxcbs@cma.gov.cn
责任编辑:张盼娟　蔺学东	终　　审:张　斌
责任校对:张硕杰	责任技编:赵相宁
封面设计:楠竹文化	
印　　刷:北京中石油彩色印刷有限责任公司	
开　　本:787 mm×1092 mm　1/16	印　　张:8.75
字　　数:224千字	插　　页:2
版　　次:2023年11月第1版	印　　次:2023年11月第1次印刷
定　　价:60.00元	

《黄河流域碳循环过程及岩溶碳汇效应》
编　委　会

主　　编：张连凯　曹建华

编写人员：刘朋雨　杨　慧　刘　文　丁　志

覃小群　杨金江　单晓静　邵明玉

刘红豪　宋　涛　刘　翔　李灿锋

徐　灿　张熙璐　李丹阳

序

流域岩石化学风化在全球碳循环和气候变化过程中起着重要作用。数据显示，全球每年有 0.7～1.0 Gt 的碳通量经过河流输送到海洋，与化石燃料燃烧释放的碳量、海洋 CO_2 净吸收的碳量处于同一个数量级，是全球碳循环的重要组成部分。

黄河发源于我国青藏高原，流经青海、四川、甘肃、宁夏、内蒙古、陕西、山西、河南、山东等 9 省(区)，在山东垦利县注入渤海，全长 5464 km，是我国仅次于长江的第二大河。2019 年底，黄河流域总人口 4.5 亿，占全国 31.8%；地区生产总值 23.9 万亿元，占全国 26.5%。同时，黄河流域是我国重要的生态屏障和重要的经济长廊，在我国经济社会发展和生态安全方面具有十分重要的地位。

黄河流域自然类型多样，地质结构复杂。自上游到下游，黄河流域连接青藏高原、河套平原、黄土高原、华北平原，拥有三江源、祁连山等多个国家公园和国家重点生态功能区。黄河流经黄土高原、五大沙漠沙地，沿河两岸分布有青海湖、东平湖和乌梁素海等湖泊、湿地。黄河上游地区分布着大量的沉积页岩、部分黄土和少量岩浆岩；中部广泛分布黄土，面积占全流域面积的 44%；下游主要为第四纪沉积地层。由于中游的黄土地层，黄河成为世界上泥沙含量最高的河流之一，平均每年输入下游的泥沙量高达 16 亿 t，并且呈现水沙异源的特点。

2019 年 9 月，习近平总书记在河南郑州主持召开黄河流域生态保护和高质量发展座谈会并发表重要讲话，着眼全国发展大局，深刻阐明了黄河流域生态保护和高质量发展的重大意义，作出加强黄河流域治理保护、推动黄河流域高质量发展的重大决策部署。

近年来，全球气候变化和自然碳循环过程研究受到政府、学者的关注。黄河流域工农业生产方式、城市居住条件、生态环境特征等的改变对区域气候变化有重要的影响。全面掌握流域碳循环过程，查明流域碳汇速率和碳输送通量对研究自然生态系统的碳汇潜力，开展人工干预的固碳增汇途径都具有重要意义，可以为我国实现碳达峰、碳中和的战略目标提供流域生态系统的解决方案。

本书全面分析了黄河流域碳循环过程，通过关键站点的调查观测，研究了流域内不同地质环境形成的碳汇通量、条件及控制因素，探明了不同地层岩性、气候特征、土壤类型、生态环境及人类活动等对流域碳循环过程的影响，研究了流域岩溶碳循环的源/汇特征及交换通量，估算黄河干流及主要支流的碳汇速率。本书

1

还在黄河上中下游选择了典型流域进行重点研究,对流域内参与碳循环过程岩溶地质和黄土地层进行了深入剖析。根据岩溶作用形成碳汇条件及控制因素,全面分析了碳循环发生条件、碳迁移特征和转化规律,并对典型小流域的碳汇通量进行了估算,提出人工固碳增汇技术措施,为区域经济发展和 CO_2 减排提供支撑。

　　本书是一部较为系统的研究黄河流域碳循环的著作。本书的出版,可为黄河流域有效应对气候变化、改善农业生产活动、探索固碳增汇的有效路径提供思路,对提高我国适应气候变化能力、加快推动实现黄河流域高质量发展提供重要的科技支撑。

袁道先

2023 年 11 月

前　言

2020年9月,国家主席习近平在第七十五届联合国大会上发表讲话,提出中国的"二氧化碳排放力争于2030年前达到峰值,努力争取2060年前实现碳中和",凸显了在应对全球气候变化上一个负责任大国的决心与担当。2022年1月,习近平总书记在中共中央政治局第三十六次集体学习时就推进碳达峰和碳中和(简称"双碳")工作做出重要部署,指出推进产业优化升级,加强数字经济与绿色低碳产业深度融合,加快步入低碳、循环的经济高质量发展道路。

大江大河生态保护对陆地水生生态系统的稳定性和固碳能力至关重要,能够挖潜土壤、植被、海洋、生物等碳库的碳汇作用与固碳能力,助力实现碳达峰、碳中和。《全国重要生态系统保护和修复重大工程总体规划(2021—2035年)》《黄河流域生态保护和高质量发展规划纲要》,以及国土绿化行动等国家重大战略和政策,统筹考虑了生态系统的完整性和经济社会发展的可持续性,持续提升水生生态系统质量和稳定性,增强碳汇和固碳能力。要求以长江、黄河等江河源头区为重点,加大封禁治理力度,对森林、草原和湿地等采取禁牧封育等举措,强化水土流失预防保护,提升水源涵养能力,促进江河源头区水生生态系统保护和修复。持续开展水土流失综合治理,加快推进坡耕地综合整治、侵蚀沟治理等,切实筑牢生态安全屏障。

黄河流域是中国重要的生态屏障和经济地带,承载着"一带一路"倡议和"西部大开发"等重大国家战略,在建设社会主义现代化国家和完成"双碳"目标中具有举足轻重的战略地位。黄河流域"双碳"目标的实现对中国的绿色低碳发展意义重大。同时沿黄9省(区)大多数自然生态脆弱、经济发展落后,处于经济发展增长期、工业化进程加速期、城镇化持续推进期等多重时期叠加的发展阶段,"双碳"目标的提出对黄河流域既是一种压力倒逼,也是巨大的挑战。2019年的统计数据显示,黄河流域9省(区)的人均碳排放强度为7.91 t,每一万美元碳排放强度为9.31 t,均高于全国平均水平。2023年4月6日,《黄河流域发展蓝皮书:黄河流域高质量发展及大治理研究报告(2022)》发布。蓝皮书指出,推动黄河流域"双碳"目标是彰显跨区域协调发展的标志性成果。黄河流域"双碳"目标不仅是关系本区域内经济社会发展的系统性变革,也是关系全国推动实现"双碳"目标的重要环节。

中国地质调查局黄河流域岩溶区碳循环综合环境地质调查项目于2016—2019年实施。本书通过对黄河流域干流及支流的主要控制站点的动态观测,分析碳元素在河网系统中的迁移转化过程,调查流域各区段碳的来源和分配比例,估算黄河流域各环节的碳循环通量。同时以流域为单元,选择黄河流域上、中、下游不同环境地质条件典型岩溶小流域开展1:5万岩溶地质碳循环调查,查明地质岩性、气象水文、土地利用和生态环境对干旱、半干旱区岩溶碳循环过程的影响,查明影响岩溶碳汇效应的主要控制因素,估算流域的岩溶碳汇通量。通过黄河流域黄土高原土壤中次生碳酸钙的调查分析,探明次生碳酸钙的来源、溶解及碳汇效应,查明黄土高原小流域的碳循环过程,估算流域碳汇通量和碳汇速率,分析不同环境条件对黄土地质碳源/汇关系的影响。根据岩溶作用形成碳汇条件及控制因素,结合当地的经济和社会发展需求,提出人工固碳增汇技术措施,为区域经济发展和CO_2减排提供支撑。

本书共分 7 章,第 1 章为绪论,主要介绍黄河流域的基本概况、气象水文、地形地貌、社会经济发展等情况。第 2 章为研究基础及意义,主要介绍黄河流域开展的相关调查工作、当前存在的主要问题以及开展黄河流域碳循环的重要意义。第 3、4 和 6 章分别介绍了黄河流域自上游到下游的水磨沟、南川河和玉符河三个典型岩溶流域的碳循环过程及碳汇效应。第 5 章选择了一个黄土小流域,针对黄土碳酸盐矿物的溶蚀及其碳汇效应开展了系统研究。第 7 章在典型小流域岩溶碳循环研究的基础上,结合长期站点的观测数据,分析了黄河流域的主要离子来源和影响因素,利用修正的 Galy 模型对黄河流域碳循环过程、碳汇通量进行了估算。

本书由张连凯、曹建华主编。第 1 章由张连凯、刘朋雨、杨金江完成;第 2 章由曹建华、杨慧、宋涛完成;第 3 章由张连凯、邵明玉、覃小群完成;第 4 章由刘朋雨、杨慧、覃小群、刘红豪完成;第 5 章由张连凯、邵明玉、刘朋雨、刘翔完成;第 6 章由刘文、单晓静、张熙璐、李丹阳完成;第 7 章由曹建华、杨慧、丁志、李灿锋、徐灿完成。

项目的执行得到了山东省地矿工程勘察院(山东省地矿局八〇一水文地质工程地质大队)、青海省自然资源厅、陕西师范大学、广西师范大学等相关单位的大力支持。同时也感谢参与本书工作的其他同志以及给予本书指导、关心、帮助的专家、学者和朋友。由于作者水平有限,书中疏漏在所难免,敬请读者批评指正。

编者
2023 年 5 月

目　录

第1章 绪 论

1.1 黄河流域基本概况

黄河发源于中国青海省巴颜喀拉山脉北麓的约古宗列盆地。整个流域位于东经 96°~119°,北纬 32°~42°,东西长约 1900 km,南北宽约 1100 km,全长 5464 km,流域面积 79.5 万 km^2(包括内流区 4.2 万 km^2),是中国第二长河,也是世界第五长河流。黄河自西向东分别流经青海、四川、甘肃、宁夏、内蒙古、陕西、山西、河南、山东 9 个省(区),最后于山东省东营市垦利县注入渤海。黄河是中华民族最主要的发源地,是中华民族的"母亲河"。同时,黄河流域作为我国重要的生态屏障,是连接青藏高原、黄土高原、华北平原的重要生态廊道。

黄河流域从河源到内蒙古托克托县河口镇为上游,其中兰州及其上游大部分地区植被覆盖较好。上游河段全长 3472 km,流域面积 38.6 万 km^2,占全黄河流域(不含内流区,下同)面积的 51.3%。上游河段总落差 3496 m,平均比降为 1‰。该区域河段汇入的较大支流(流域面积 1000 km^2 以上)有 43 条,径流量占全河径流量的 54%。上游河段年来沙量只占全河年来沙量的 8%,水多沙少,是黄河的清水来源。从内蒙古托克托县河口镇至河南郑州桃花峪间的黄河河段为中游,河长 1206 km,流域面积 34.4 万 km^2,占全流域面积的 45.7%。中游河段总落差 890 m,平均比降 0.74‰;河段内汇入较大支流 30 条。中游区间增加的水量占黄河水量的 42.5%,增加沙量占全黄河沙量的 92%,为黄河泥沙的主要来源。河南郑州桃花峪以下的河段为下游,河长 786 km,流域面积仅 2.3 万 km^2,占全流域面积的 3%。下游河段总落差 93.6 m,平均比降 0.12‰。区间增加的水量占黄河水量的 3.5%。由于黄河泥沙量大,下游河段长期淤积形成举世闻名的"地上悬河",黄河约束在大堤内成为海河流域与淮河流域的分水岭。除大汶河由东平湖汇入外,下游河段无较大支流汇入。

1.2 气象、水文条件

黄河流域属大陆性季风气候区,主要受北半球的副热带高压和欧亚极地大陆气团控制,年降水量为 400~500 mm,且分配极不均匀。大致来说,流域西北部多为干旱气候,中部为半干旱气候,东南少部分地区属湿润气候。黄河流域降水的年际变化较明显,降水量越小的地区,年际变化越大,降水量年内分配也极不均匀。7—9 月降水量占全年的比例很高,且多为暴雨。黄河流域年均蒸发量达到 1712 mm,占黄河流域面积近半的黄土高原之上的蒸发作用体现得更加明显。流域气候表现出光照充足、太阳辐射较强,温差悬殊、季节差别大,降水集中、分布不均、年际变化大,湿度小、蒸发大的特点(王宝森,2011)。

黄河由庞大的水系组成,自上而下的主要支流是洮河、湟水、祖厉河、清水河、苦水河、大黑河、窟野河、无定河、延河、汾河、渭河、洛河、沁河和大汶河。黄河多年平均天然径流为

1

580 亿 m³,仅占全国河川径流总量的 2.1%,居全国七大江河的第四位(张佳 等,2012)。流域平均年径流深 77 mm,只相当于全国平均径流深(276 mm)的 28%。黄河天然径流量的地区分布很不均匀。兰州及其上游的区域面积占 29.6%,年径流量达 323 亿 m³,占全河的55.6%,是黄河来水最为丰富的地区。兰州至河口镇区间流域面积虽然增加了 16.3 万 km²,占全河的 12.5%,但由于这一地区气候干燥,河道蒸发渗漏损失较大,河川径流量不但没有增大,反而减少了 10 亿 m³。河口镇至龙门区间流域面积占全河的 14.8%,来水 72.5 亿 m³,占全河的 12.5%。龙门至三门峡区间流域面积占全河的 25.4%,来水 113.3 亿 m³,占全河的19.5%。三门峡至入海口区间面积占全河面积的 8.5%,来水量占全河的 3.6%。黄河干流各站汛期(7—10 月)天然径流量约占全年的 60%,非汛期约占 40%。汛期洪水暴涨暴落,冬季流量很小,在上游兰州站,1946 年汛期实测最大洪峰流量达 5900 m³/s,非汛期最小流量仅335 m³/s,相差约 17 倍;在中游陕县站,1933 年实测最大洪峰流量 22000 m³/s,最小流量240 m³/s,相差约 91 倍(易元俊 等,1987)。

　　黄河的突出特点是"水少沙多、水沙异源"。黄河三门峡站多年平均输沙量约 16 亿 t,平均含沙量为 35 kg/m³,在大江大河中名列第一。黄河水、沙的来源地区不同,水主要来自兰州及其上游、秦岭北麓流域,泥沙主要来自河口镇至龙门区间与泾河、北洛河及渭河上游地区。图 1.1 是 1965—2013 年黄河中游主要气象站点的降雨量资料(曾琛 等,2013)。黄河流域各支流概况如表 1.1 所示。黄河主要来水情况参见图 1.2。

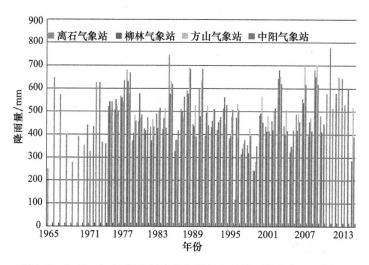

图 1.1　1965—2013 年黄河中游主要气象站降雨量数据(见彩插)

表 1.1　黄河主要支流概况表

支流名称	河长 /km	流域面积 /(万 km²)	径流量 /(亿 m³/a)	TSS* 负荷 /(10⁴ t/a)	平均气温 /℃	降水量 /(mm/a)	蒸发量 /(mm/a)
洮河	673.1	2.55	53.000	0.29	5~10	500~600	700~900
湟水	373.9	3.29	46.500	0.24	6.0~7.9	400~600	700~900
祖历河	224.1	1.07	1.380	0.62	6~9	200~400	900~1300
清水河	320.2	1.45	2.020	0.25	5~6	200~500	1000~1400
苦水河	223.8	0.52	0.155	0.03	8~10	200~300	1600~1800

支流名称	河长/km	流域面积/(万 km²)	径流量/(亿 m³/a)	TSS* 负荷/(10⁴ t/a)	平均气温/℃	降水量/(mm/a)	蒸发量/(mm/a)
大黑河	235.9	1.77	0.970	0.06	2～7	300～500	1200～1500
枯叶河	241.8	0.87	0.750	1.36	6～9	300～500	1200～1400
无定河	491.2	3.03	15.300	2.17	6～10	300～500	1000～1400
延河	58.7	0.0284	2.930	0.14	9～11	450～500	1500～1700
汾河	713.0	3.95	14.400	0.28	6～12	500～600	900～1000
渭河	818.0	13.49	75.700	1.71	6～13	400～900	900～1200
洛河	446.9	1.89	8.190	0.18	12～14	600～900	900～1200
沁河	485.1	1.35	17.800	0.07	10～14	600～800	1000～1200
大汶河	239.2	0.91	18.200	0.02	12～14	600～700	1200～1500

注：* TSS 指水体中总的固体悬浮物质。

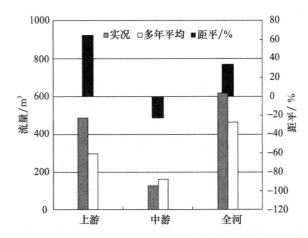

图 1.2　2018 年 7 月—2019 年 6 月黄河主要来水区来水情况统计表

1.3　地形地貌

黄河流域西起巴颜喀拉山，东临渤海，北抵阴山，南达秦岭。地貌差别很大，从西到东横跨青藏高原、内蒙古高原、黄土高原和黄淮海平原 4 个地貌单元。地势西高东低，西部河源地区平均海拔高度在 4000 m 以上，由一系列高山组成；中部地区海拔高度在 1000～2000 m，为黄土地貌，水土流失严重；东部地区海拔高度不超过 100 m，主要由黄河冲积平原形成。

黄河流域地形地貌大致分为三级阶梯（吴永法，1986）。第一级阶梯是流域西部的青藏高原，位于著名的世界屋脊——青藏高原的东北部，海拔高度 3000～5000 m，有一系列的西北—东南向山脉，山顶常年积雪，冰川地貌发育。青藏高原南沿的巴颜喀拉山绵延起伏，是黄河与长江的分水岭。祁连山脉横亘高原北缘，构成青藏高原与内蒙古高原的分界。黄河河源区及其支流黑河、白河流域，地势平坦，多为草原、湖泊及沼泽。

第二级阶梯大致以太行山为东界，海拔高度 1000～2000 m。本区内白于山以北属内蒙古高原的一部分，包括黄河河套平原和鄂尔多斯高原；白于山以南为黄土高原、秦岭山地及太行山地。

第三级阶梯自太行山以东至滨海,由黄河下游冲积平原和鲁中丘陵组成。黄河下游冲积平原是华北平原的重要组成部分,面积达 25 万 km²,海拔高度多在 100 m 以下。本区以黄河河道为分水岭,黄河以北属海河流域,以南属淮河流域。区内地面坡度平缓,排水不畅,洪、涝、旱、碱灾害严重。鲁中丘陵由泰山、鲁山和沂蒙山组成,一般海拔高度在 200～500 m,少数山地在 1000 m 以上。

1.4 水文地质背景

黄河的产生经历了三个地质发展阶段:第三纪至第四纪的早更新世为古黄河孕育期;第四纪中更新世(距今 115 万年—距今 10 万年)为古黄河诞生成长期;晚更新世(距今 10 万年—距今 1 万年)时黄河形成海洋水系。在地质上,黄河盆地内分布有从前寒武纪到第四纪的各种岩石。最突出之处是流域中部广泛分布着第四纪的黄土和类黄土沉积。黄土覆盖面积占全流域面积的 44%。黄河中游地区黄土的厚度达 130～180 m,某些地段超过 260 m,流域的气候、地质条件决定了黄河成为世界上泥沙含量较高的河流之一。除黄土外,上游地区分布着大量页岩和少量岩浆岩的出露岩层。流域下游主要分布着第四纪沉积物。此外,在流域北、南和西部边缘及最下游的大汶河流域分布有从太古宙到第三纪的花岗岩和变质岩。流域内碳酸盐岩分布广泛,也为我国碳酸盐岩分布的主要区域,碳酸盐岩面积达 40 万 km²,约占流域面积的 53%,绝大部分类型为埋藏型,裸露型岩溶面积仅占流域面积的 6%。

黄河的孕育、诞生、发展受制于地质作用,以地壳变动产生的构造运动为外营力,以水文地理条件下本身产生的侵蚀、搬运、堆积为内营力。黄土高原的水土流失与黄河下游的泥沙堆积在史前地质时期就在进行,史后受人类活动的影响与日俱增(张珂 等,2012)。黄河流域地下水的形成、分布和储存都受一系列自然条件所控制。地下水由不同的来源在多种因素的作用下,通过各种途径渗入补给而形成,其中大气降水是主要的补给来源,由此造成地下水资源的分布有明显的地区特点。黄河流域东西跨越经度 22°,气候条件决定着降水补给的差异。在储存与分布上地下水又受构造的控制,大地构造的格局奠定了不同的储水条件。黄河流域地下水资源主要是现代水循环可以再生的潜水和浅层地下水(指半承压水、与大气降水循环交替密切相关的地下水)。天然资源的淡水总量约为 403.54 亿 m³/a,开采资源总量约为 182.43 亿 m³/a(孙才志 等,2004)。表 1.2 为黄河流域地下水资源的分布。

表 1.2 黄河流域各省份地下水资源量

省份	流域面积/万 km²	天然资源量/(亿 m³/a)	开采资源总量/(亿 m³/a)
青海	15.27	95.04	5.85
四川	1.70	21.50	/
甘肃	14.26	40.88	10.41
宁夏	5.11	14.71	12.26
内蒙古	15.13	47.12	31.06
陕西	13.33	73.23	36.09
山西	9.74	58.00	37.97
河南	3.60	35.43	32.35
山东	1.33	17.63	16.44
合计	79.47	403.54	182.43

黄河流域兰州及其下游分布着许多大型断陷盆地,沉积了巨厚的第四系松散岩层,蓄水条件较好,如银川平原、河套平原、关中盆地、太原盆地、临汾盆地和运城盆地等。在山西与陕西接壤的地区,分布着寒武、奥陶系大面积、连续、巨厚的碳酸岩层,形成面积广大的岩溶泉域,出露许多岩溶大泉,如天桥泉、柳林泉、郭庄泉、兰村-晋祠泉、龙子祠泉等,并且形成水量丰富的水源地。流域内的主要地下水类型为松散岩类孔隙水,广泛分布在干流和支流的河谷平原以及山间盆地和黄土高原地区。碎屑岩类裂隙孔隙水主要分布在中、上游的中、新生代构造盆地内。碳酸盐岩类裂隙岩溶水主要分布在吕梁山、太行山、中条山等地区,贺兰山、祁连山和青海湖西北部也有少量分布。含水层时代主要为寒武纪、奥陶纪,青海湖西北部为三叠纪。岩浆岩类与变质岩类裂隙水广泛分布于丘陵山区。多年冻结层水分布于河源地区和大通河上游(图 1.3)。此外还有少量的沙漠凝结水。

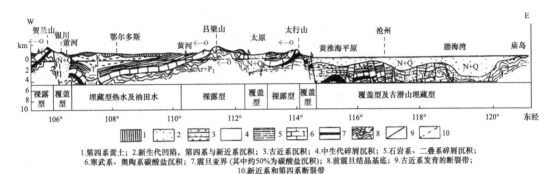

1.第四系黄土;2.新生代凹陷,第四系与新近系沉积;3.古近系沉积;4.中生代碎屑沉积;5.石岩系、二叠系碎屑沉积;
6.寒武系、奥陶系碳酸盐沉积;7.震旦亚界(其中约50%为碳酸盐沉积);8.前震旦结晶基底;9.古近系发育的断裂带;
10.新近系和第四系断裂带

图 1.3　华北岩溶水埋藏类型及分布剖面示意图(闫伟,2019)

1.5　社会经济发展情况

黄河流域是中国农业经济开发重要地区。耕地面积 1.79 亿亩[①],占全国的 12.5%。黄河下游防洪保护区是中国重要的粮棉生产基地,粮食和棉花产量分别占全国的 7.7% 和 34.2%,农业产值占全国的 8%。上游的宁蒙河套平原、中游汾渭盆地以及下游引黄灌区都是主要的农业生产基地。黄河上中游地区经济发展相对滞后,加快这一地区的开发建设,对改善生态环境、实现经济重心由东部向中西部转移的战略部署具有重大意义。

历史上黄河流域工业基础薄弱,新中国成立以来有了很大的发展,建立了一批能源工业、基础工业基地和新兴城市,为进一步发展流域经济奠定了基础。能源工业包括煤炭、电力、石油和天然气等,原煤产量占全国产量的半数以上,石油产量约占全国的 1/4,已成为区内最大的工业部门。铅、锌、铝、铜、铂、钨、金等有色金属冶炼工业,以及稀土工业有较大优势。区内还有石油、化工、煤炭等工业基地,在中国经济发展中占有重要的地位。

黄河是世界上受人类活动影响最大的河流之一。每年从黄土高原带走的大量泥沙并不会全部流入大海,有一部分会在水库和下游河道中沉积下来,导致水库淤积、库容减小;下游河床以 0.1 m/a 的速度抬升,成为地上悬河。在历史上,黄河下游决口频繁,造成严重的洪涝灾害,与逐年升高的地上悬河有很大的关系。黄河中游河段流经黄土高原地区,水土流失严重,

---

① 　1 亩≈666.67 m^2。

支流带入大量泥沙汇入黄河,使黄河成为世界上含沙量最多的河流。最大年输沙量达 39.1 亿 t (1933 年),最高含沙量 920 kg/m³(1977 年)。以调水调沙、修建水库以及农业灌溉引水等为主的人为影响因素导致黄河的径流量和输沙量急剧降低。黄河输沙量已降低到 0.18 Gt/a,仅占到常被引用数据(1.08 Gt/a)的 17%;利津站实测入海径流量也仅为历史数据的 1/3 左右。水沙输运通量减少,进而对河流的碳输运产生了深远的影响。

为解决黄河因水沙输运失衡导致的库区和河道泥沙淤积问题,结合水库防洪需求,黄河水利委员会自 2002 年开始,在丰水期洪峰到来之前(6 月下旬至 7 月初)进行调水调沙工程。所谓调水调沙工程,就是在现代化技术条件下,利用工程设施和调度手段,通过水流的冲击,将水库的泥沙和河床的淤沙适时送入大海,从而减少库区和河床的淤积,增大主槽的行洪能力。具体做法是对河道区间来水和水库蓄水进行调度,人工塑造有利于下游输沙、河道冲刷和水库减淤的过程,以加大水库库容、清理水库淤积,同时冲刷下游河道,补充黄河入海的淡水量和输沙量,使得不平衡的水沙输运过程尽可能协调。调水调沙工程于 2005 年正式投入运行,整个调水调沙时期分为高流量的排水期和高含沙量的排沙期(韩其为,2009)。

黄河流域内已有水库 3000 多座,其中 24 座水库库容超过 0.1 km³,总库容高达 57.4 km³,其中兰州以上流域主要水库为龙羊峡、刘家峡和青铜峡水库,兰州以下流域主要分布万家寨、三门峡和小浪底水库(表 1.3)。

表 1.3　黄河流域主要水库概况

水库	流域面积/(万 km²)	库容/km³	水库完工时间
龙羊峡	13.1	24.70	1986
刘家峡	18.2	5.70	1968
青铜峡	27.5	0.62	1967
万家寨	39.5	0.90	1998
三门峡	68.8	9.75	1960
小浪底	69.4	12.65	2000

黄河流域水库的总库容约为黄河全年水资源输运入海通量的 4 倍。加之黄河的浑浊度极高,水库对物质输运产生的影响远远高于其他河流。如长江三峡大坝设计库容为 39.3 km³,其 TSS 年均捕集量为 130 Tg/a,而黄河小浪底水库设计库容为 12.6 km³,但其 TSS 年均捕集量可达到 240 Tg/a。虽然小浪底水库的库容仅为三峡大坝的约 30%,但 TSS 年均捕集量约为三峡大坝的 2 倍。此外,库区中水体形成一个独特的水环境体系,库区对物质的拦截影响了黄河的自然输运规律,导致黄河物质输运入海通量的减少。

黄河流域大部分位于干旱半干旱地区,光热资源充足,降雨量稀少而蒸发量大,淡水资源十分贫乏,流域内工农业生产和人民生活用水主要依靠黄河水资源。一直以来,农业灌溉是影响黄河水文情况的重要因素。目前黄河流域的灌溉区已经扩大到了沿黄 9 省(区)以及河北省、天津市,流域内约一半耕地需利用黄河水资源进行农业灌溉,农业灌溉耗水量约占全流域总耗水量的 90%。随着流域工农业和社会经济的发展,黄河流域用水量不断增加,导致黄河入海径流量呈下降趋势。20 世纪 50 年代黄河流域地表水消耗量仅为 14.1 km³/a,而这一数值在 21 世纪前 10 年已达到 27.7 km³/a,为该段时间内黄河入海径流量(15.5 km³/a)的 1.8 倍,其中约 90% 的农业耗水发生在黄河兰州以下流域。

第 2 章　研究基础及意义

2.1　已有的研究基础

2.1.1　黄河流域水文和环境地质调查全面开展

黄河流域及其重点地区(重点经济区和重大工程区)的 1：25 万、1：5 万基础地质条件与环境地质调查目前已经基本完成。此外,以 1：20 万综合水文地质图为基础,编制了各省(区) 1：50 万水文地质图、1：400 万中国可溶岩类型图、1：400 万中国环境地质图;1976 年出版的中华人民共和国 1：150 万全图中,中国科学院成都地理研究所运用底色和符号对南方岩溶区划出 8 类岩溶地貌形态类型组合;中科院等部门编制的 1：100 万地貌图,为宏观了解岩溶地貌的区域特征和分布规律提供了系统的资料。自 1963 年至今,国内外学者对黄河流域离子特征相继进行了研究,涉及监测点位近 100 个,大部分站点积累有 10～30 年的监测数据,这些监测数据和研究成果可以为调查的开展提供参考,同时这些监测站点大多是黄河流域长期的水文监测站点,为开展黄河流域线路调查站点选择提供参考。

根据一级水系边界和区域地质构造、地貌单元、含水介质的类型、地下水运动特征等因素,林学钰等(2006)将黄河流域划分为 9 个一级地下水系统、29 个地下水子系统(图 2.1),并首次在黄河上游的青海省共和盆地内查明了地下水分水岭和地表水分水岭的不一致。其次,查明了鄂尔多斯高原北部的地表水内流区存在深部和浅部两个地下水循环系统,深部循环系统的承压水从高原中心分水岭部位得到补给,而后向西、北、东三面的黄河河谷进行排泄,不存在内流区的问题;浅部循环系统(潜水)存在内流区,但范围要比地表水内流区小。最后,提出在黄河下游地上悬河段,地下水系统应以黄河水对地下水补给影响宽度作为系统边界。

前人应用同位素技术与水文地质条件分析相结合的方法,查明黄河流域地下水的可更新能力(孙晓悦 等,2023)。通过水文地质剖面图分析可知,除银川、包头、济南、郑州、新乡的 5 个断面外,其余 8 个地区(玛多、共和、贵德、兰州、鄂尔多斯、晋陕峡谷天桥泉域、晋陕峡谷碛口、三门峡)的剖面表明,地下水均补给黄河水,即对黄河都有贡献。其中贡献最大的是唐乃亥以上的源区,其次是晋陕峡谷天桥泉域和沁河、洛河流域。郑州以下流域的悬河段则是河水补给两岸地下水。根据同位素方法计算结果,黄河流域典型地区地下水循环速度与滞留时间如表 2.1 所示。上述同位素研究成果表明,浅层地下水积极参与现代水循环,流域内各典型地下水系统中,浅层地下水的平均滞留时间一般均小于 100 a,明显小于深层地下水的滞留时间,为此应充分开发利用浅层地下水。相反,深层承压水更新能力较弱,地下水的 ^{14}C 年龄均在 2000 a 以上。因此,深层承压水一般宜作为缓解水资源紧张的备用资源,不宜大面积地长期开采利用(张发旺, 2010)。

7

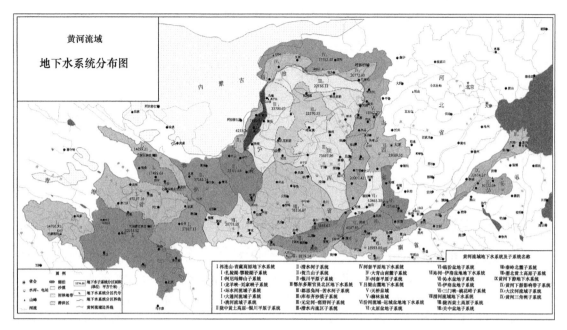

图 2.1　黄河流域地下水系统分布图(林学钰 等,2006,见彩插)

表 2.1　黄河流域典型地区地下水循环速度与滞留时间

地下水系统	浅层地下水		深层地下水	
	地下水年龄(^{3}H 年龄)/a	地下水循环速度/(km·a^{-1})	地下水年龄(^{14}C 年龄)/a	地下水循环速度/(km·a^{-1})
银川平原	30	2.4	8040	0.00138(承压水漏斗区水循环速度为 0.00391~0.0111)
包头平原	66	0.22	7099	0.00121
晋陕峡谷地区			吴堡:15255 府谷:2307	吴堡:0.0079 府谷:0.0316
渭河以北山前洪积扇区	150	0.061	11128	0.016
黄土台源区	200	0.064		
冲击平原区	72	0.253		
黄河下游悬河段	16	1.89	浅层承压水:2620; 中层承压水:8540; 深层承压水:15650	浅层承压水:0.0343 中层承压水:0.013~0.018 深层承压水:0.0052

　　前人利用地面调查、航天航空遥感数据监测等方法调查地质、生态、环境,研究青藏高原隆升与新构造运动对黄河变迁及其生态地质环境的控制作用,为黄河源头湿地萎缩所引发的生态环境协调能力退化及黄河流域生态环境保护、区域经济发展规划和可持续发展提供基础数

据和决策依据(陈晓龙 等,2013)。对区域生态环境质量的总体评价显示,区域生态地质环境三大分区总体评价为:西部祁连-青海区沙质荒漠化分布较多,但存在黄河源区和诺尔盖地区两大湿地,生态环境质量综合评价中等;中部华北地台区荒漠化分布广泛,相对稀少的湖泊还萎缩干枯严重,因此综合评价差;东部平原区湿地数量较多,近海湿地和湖泊湿地、河流湿地和人工湿地分布广泛,植被比较发育,因此评价好。

2.1.2 黄河流域生态治理工程效果显著

新中国成立以来,党和国家十分重视黄河流域的水土保持工作。水土保持工作先后经历了科学研究和试验示范、全面规划、综合治理、重点整治、生态修复与水土保持工程相结合等阶段,正在向山川秀美的生态文明建设目标努力迈进。从 2005 年起,国家启动三江源生态保护和建设工程,在源区全面实施沙化治理、禁牧封育、退牧还草、移民搬迁、湿地保护、人工增雨、工程灭鼠等项目,对这个重要水源涵养地实施人工干预和应急式保护。2015 年,三江源各类草地产草量提高 30%,土壤保持量增幅达 32.5%,百万亩黑土滩治理区植被覆盖度由不到20%增加到 80%以上。水资源量增加近 80 亿 m^3,近 10 万牧民放下牧鞭转产创业,黄河河源区水源涵养初见成效(曹广民 等,2009)。

2013 年,党的十八届三中全会提出建立国家公园体制这一重要生态制度设计。2015 年12 月 9 日,中央全面深化改革领导小组第十九次会议审议通过了《中国三江源国家公园体制试点方案》,自此三江源国家公园作为我国首个国家公园试点正式启动。2018 年,国家发展改革委公布《三江源国家公园总体规划》。随着三江源国家公园体制的实施,黄河源区治理保护翻开了新的一页。

截至 2018 年,黄河流域累计保存水土保持措施面积近 24.4 万 km^2,同时建成 5.9 万座淤地坝和大量的小型蓄水保土工程,平均每年减少入黄泥沙近 4.35 亿 t。因水土保持措施累计增产粮食 1.57 亿 t,增产果品 1.56 亿 t,经济效益 11789 亿元。同时,水土保持措施的实施有效改善了土壤的理化性质,原来跑水、跑土、跑肥的"三跑田"变成了保水、保土、保肥的"三保田",便利了农村道路交通,改善了农村生产生活等基础条件;区域气候条件好转,林草植被覆盖度提高,沙尘天气减少,促进了生态良性发展(牛玉国,2020)。

2.1.3 黄土碳汇研究取得初步成果

近年来,国内科学家开始从不同角度对黄土碳循环过程进行研究。例如,刘嘉麒等(1996)采用钻杆中间的毛细管收集土壤气体的方法,对陕西渭南黄土中温室气体组分进行了研究,发现黄土中的温室气体浓度比大气中的浓度高,其中 CO_2 浓度可高达几十倍。其后刘强等(2000,2001)采用相同的方法对陕西、山西和北京的多处黄土剖面进行了气体采样分析,得到了类似的结果。李旭东等(2014)2007 年使用动态密闭气室红外 CO_2 分析法(IRGA)对黄土高原地区豌豆农田土壤呼吸进行观测,综合分析了水热因子对土壤呼吸日、季节变化的影响。结果表明,该区土壤次生碳酸盐的溶蚀是造成土壤呼吸负通量(碳汇)的主要原因,而冬季低温加剧了这一过程。但是以上这些研究只是对土壤 CO_2 浓度的监测,并未涉及黄土矿物的溶蚀过程,更没有对黄土次生碳酸盐产生的碳汇过程做深入探讨。

张林等(2011)根据化学计量平衡,计算土壤次生碳酸盐形成和重结晶过程中固定的土壤CO_2 量,根据在碳酸盐沉积之前,HCO_3^- 相中的碳 1/2 来自土壤 CO_2,1/2 来自母质碳酸盐的计量关系,计算出不同层位的土壤固定的 CO_2 量(平均值为 27.9 gCO_2/kg)。实际上,这个过程的 CO_2 固定量非常微弱,因为次生碳酸盐形成过程中会重新释放 CO_2(万国江 等,2000),只有极少数的次生碳酸盐会以少量的 HCO_3^- 形式存在于水体中,形成碳汇。

赵景波等(2000)根据 CO_2 平衡原理,计算陕西灞河流域黄土地区的岩溶过程和 CO_2 吸收量。基本原理是将该流域所接受的大气降水中的游离 CO_2 减去大气降水经岩溶作用之后剩余的游离 CO_2 量,即:

$$E_{TC} = R_{TC} - S_{TC} \tag{2.1}$$

式中:E_{TC} 为碳酸盐岩溶作用过程中 CO_2 吸收量;R_{TC} 为流域来自大气降水中的 CO_2 总量;S_{TC} 为随径流流失的 CO_2 总量。

研究发现,河水和黄土地下水中 pH 值、HCO_3^- 等化学成分含量与石灰岩区岩溶水基本相同,雨水中的 CO_2 约有 82% 被黄土的岩溶过程吸收,18% 随河水流失。与雨水相比,河水 pH 值和 HCO_3^- 含量明显偏高,表明降雨之后发生了明显的 $CaCO_3$ 溶解的岩溶作用。对整个流域 CO_2 吸收通量的计算结果表明,灞河流域现代岩溶过程中每年吸收的 CO_2 约为 5623.8 t(赵景波 等,2000)。如果按照流域面积 2581 km^2 计算,则其溶蚀速率应为 2.18 $tCO_2/(km^2 \cdot a)$,进而推算出整个黄土高原的碳汇通量约为 137×10^4 tCO_2/a,这一结果相当于黄河流域化学风化碳汇量(502×10^4 tCO_2/a)的 27%(吴卫华 等,2011)。

但是这个计算模型没有考虑雨水在土壤中溶解的 CO_2 量,正如刘嘉麒等(1996)所述,黄土中的温室气体浓度比大气中的浓度高,其中 CO_2 浓度可高达几十倍。因此,如果考虑土壤 CO_2 的溶解作用,其实际吸收的 CO_2 量应该比这个结果大得多。

由此可以看出,目前学者们已经认识到黄土碳酸盐在全球碳循环中的重要作用,也进行了相关的研究工作,取得了一定的研究成果。但是这些研究大多将土壤作为一个整体进行研究,没有深入探讨碳酸盐的溶蚀过程及其反应机理,相关的研究方法也有待完善。本书将采用更为科学的水化学-径流法和溶蚀实验法探讨次生碳酸盐的溶蚀过程,准确计算黄土小流域碳汇通量,为黄土碳汇的研究提供新的研究思路和研究方法。

水化学-径流法于 1956 年提出(Corbel,1959),是目前较为成熟的方法。该方法通过测量流域出口处流水所携带的溶质 HCO_3^-、CO_2、CO_3^{2-} 浓度以及河流的径流量,估算出流域输出的 CO_2 总量,进而估算流域所消耗 CO_2 的单位年通量。但是该方法需要明确的流域边界、流量和准确的 HCO_3^- 浓度。已有的资料表明,北方黄土区的流域边界相对稳定(贾旖旎,2010)。此外,本书拟选择有水文站、气象站的小流域进行研究,同时借助于中国地质调查局"黄河流域岩溶碳循环综合环境地质调查项目"在流域内设置动态观测点,可以保证流域内流量数据、气象数据及水化学数据的长期性和准确性。

在野外使用的溶蚀试片法(刘再华,2012)在北方半干旱地区应用时往往受到土壤碳酸盐沉积的影响,使结果偏小(曾成 等,2014;黄奇波 等,2015)。但是,溶蚀实验法仍然是直接获取现场真实科学资料的有效途径,是评价区域碳酸盐岩侵蚀过程的重要手段(万国江 等,2000)。考虑到项目的可操作性和数据的准确性,本书将采用室内溶蚀实验装置开展次生碳酸盐矿物的溶蚀实验,同时采用水化学-径流法估算黄土的溶蚀速率和碳汇通量,两个模型结果相互印证,提高结果的准确性和可靠性。

2.1.4 黄土次生碳酸盐的溶蚀作用与碳源/汇关系

按照碳酸盐矿物的成因特点,黄土中的碳酸盐分为原生碳酸盐(Lithogenic Carbonates,

LC)和次生碳酸盐(Pedogenic Carbonates,PC)。原生碳酸盐主要来自于黄土区西北的沙漠、盐湖和古海相碳酸盐地层(耿安松 等,1988);而次生碳酸盐是黄土沉积以后的风化成壤过程中形成的,主要来自原生碎屑 $CaCO_3$ 溶解后沉淀及含钙硅酸盐矿物风化后沉积(陈秀玲 等,2008)。根据前人的研究成果(文启忠,1989),我们绘制了黄土中碳酸盐矿物溶蚀过程简化模型(图 2.2)。

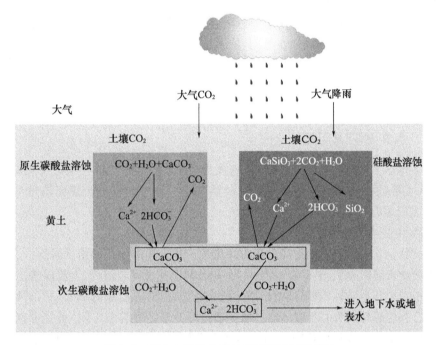

图 2.2　黄土中碳酸盐溶蚀及碳循环过程简图

由图 2.2 可以看出,原生碳酸盐溶蚀过程将吸收大气/土壤 CO_2,随着溶液的下渗碳酸盐矿物结晶析出形成次生碳酸盐矿物。在次生碳酸盐化过程中溢出等量的 CO_2,因此该过程并不产生碳汇,而是一个碳转移的过程(Curl,2012)。硅酸盐矿物在溶蚀过程中将吸收 CO_2,并随着次生碳酸盐化过程而固定下来。按照目前的碳循环理论,该过程是一个净碳汇过程(Liu et al.,2011)。

实际上,原生碳酸盐在黄土中所占比例很小(文启忠,1989),其溶蚀作用产生的碳源/汇关系并不是黄土参与大气碳循环的主要过程。同时,硅酸盐矿物的溶蚀速率极其缓慢,与碳酸盐矿物的速率相比,相差百万数量级以上(Yadav et al.,2006),在人类所关注的短时间尺度内(海洋水循环的 3000 年尺度),该过程产生的碳汇量极其微弱(Liu et al.,2010)。

因此,作为黄土中无机碳库的主要存在形式——次生碳酸盐参与的碳循环过程可能是黄土现代碳循环的重要机制。杨黎芳等(2006)认为黄土次生碳酸盐在溶蚀过程中不但可固存大气 CO_2,还可固存土壤有机碳分解产生的 CO_2,对调节大气 CO_2 以及全球区域碳循环具有重要的影响。已有的研究也表明,北方较深处的黄土层中(深度达到 3 m)保存了较高浓度的 CO_2 浓度((2.0～3.8)×10^{-3},以体积计)(刘嘉麒 等,1996)。这些黄土深部高浓度的 CO_2 很可能进一步参与下伏黄土层次生碳酸盐的溶蚀作用,产生的溶解无机碳(DIC)进入水体,在人类所关注的短时间尺度内无疑是一种碳汇过程。即便在大于 10 万年的长时间尺度,水生生物的碳泵效应也能将其转化成为永久碳汇(Waterson et al.,2008)。此外,黄土成分多是粉沙含量较高、容重较轻($1.0\sim1.3\ \text{g/cm}^3$)的壤质土壤类型,具有较高的入渗性能。大部分地区稳定入渗速率达到 $0.5\sim1.35\ \text{mm/min}$,出渗速率达到 $15\sim28.5\ \text{mm/min}$ 这使得绝大部分降水得以渗入土壤,构成土壤水库(蒋定生 等,1986),也是促进次生碳酸盐快速溶蚀的一个重要因素。

但是目前针对黄土中碳酸盐矿物特别是次生碳酸盐矿物的岩溶碳汇效应研究还比较薄弱,对次生碳酸盐的溶蚀速率、迁移规律、碳汇通量等问题认识不清。正如前文所述,黄土中的次生碳酸钙含量高,溶蚀作用强,本身也是一种重要的碳库。了解这种碳库中碳的迁移转化过程对认识全球碳循环、寻找全球"遗漏汇"具有重要意义。

2.2 主要存在的问题

2.2.1 水文水资源问题

随着沿黄地区人口增长,工农业生产迅速发展,用水量急剧增加,供需矛盾愈演愈烈,黄河频频断流,水资源危机已严重制约着流域的经济发展。地下水已成为黄河流域的主要水源。主要水文地质问题有以下方面。

(1)含煤地层产生酸性水

黄河流域特别是中游地区是我国主要的煤炭生产基地。因为在补给区碳酸盐岩裸露,所以补给区以碳酸盐岩溶蚀为主,至径流-排泄区,主要为覆盖或埋藏岩溶区,上覆硅酸盐和煤层。上覆煤层和含水带中石膏层对其影响很大。黄河上游蒸发盐岩对流域内 SO_4^{2-}、Cl^-、Na^+ 离子等有明显影响。已有的研究表明山西柳林泉水的各项指标介于上述类型之间,水中的 SO_4^{2-}、HCO_3^-、Ca^{2+}、Mg^{2+} 离子为碳酸、煤层硫化物、矿床硫化物氧化以及石膏溶解共同作用的结果(梁永平 等,2010)。

(2)地表水资源短缺

黄河流域水资源较为短缺。黄河多年平均径流量为 580 亿 m^3。黄河流域面积占全国总面积的 8%,但其年均径流量只占全国河川径流量的 2.1%。黄河水主要来自兰州以上地区流域,其年径流量约占全流域径流量的 55.6%。年径流量主要集中在 7—10 月份,约占全年径流量的 60%。20 世纪 70 年代以来,黄河下游经常出现断流。断流河段和断流时间最长的是 1997 年,当年黄河自河口一直断流到上游开封的夹河滩,断流河段全长约 704 km,河口段断流时间长达 226 d。黄河下游断流已经影响到地区的工农业发展和生活用水,并使河口地区的生态环境进一步恶化(王宝森,2011)。

(3)人工开采地下水导致水文地质条件改变

黄河流域水资源相对缺乏。碳酸盐岩覆盖区和埋藏区因降水量的减少使无效降水增多,再加上采矿对泉水的影响,可取水源日益减少。岩溶地下水的凿井成本低、扬程小、出水量大、水质好、水位变化小、水量水质稳定可靠,是城乡生活和工业生产项目的首选取水水源。资料显示,柳林泉 2009 年有取水井 166 眼,取水量 3086 万 m^3。吕梁市区、柳林城区 25 万人城镇生活用水全部取用该泉水。

除了地下水开采、水利工程的建设影响,河道入渗补给也减少了。水库在拦河蓄水的同时,改变了地表径流过程,使得河道补给地下水的渗漏量呈现逐年减少的趋势。人类活动逐步加强,改变了水文循环过程。人类活动主要有:①下垫面的改变,包括土地利用导致结构的改变、森林砍伐、水库的修建等;②含水层的破坏,包括采煤破坏了石炭纪含水层结构,采煤排水疏干了含水层,干扰了地下水的循环过程,地下水的开发利用降低了地下水位,导致泉水流量减少。

2.2.2　环境地质问题

(1)土壤侵蚀

黄河流域土壤侵蚀面积约 48 万 km^2,多年平均年输沙量 16 亿 t(三门峡站),是世界泥沙含量最多的河流。黄河 90 %以上泥沙来自中游黄土高原地区,使其成为我国土壤侵蚀最严重的地区。影响土壤侵蚀的气候、地形地貌、地质构造、地层岩性等地质环境因素随地而异。黄河中游地区属温带干旱、半干旱大陆季风气候。第四纪以来鄂尔多斯断块平均上升速率约 0.2 mm/a,其周边的汾渭断陷、河套断陷、银川断陷和洛阳断陷,第四纪平均下降速率一般为 0.10~0.25 mm/a,形成地势高亢的侵蚀性环境。第四纪砂黄土、黄土、风沙土广泛分布,是黄河及其支流悬移质的主要来源(李福兴,1989)。第三纪红色黏土主要出露于黄土区深切沟谷中,土质坚实,透水性差,经常成为上覆黄土崩、滑破坏的滑床,是黄土高原地区一种重要的重力侵蚀类型。中生代长石砂岩结构疏松、胶结差,风化强烈,侵蚀产物为岩屑和砂粒。北部边缘受风力侵蚀作用,侵蚀强度大,侵蚀模数一般大于 1 万 $t/(km^2 \cdot a)$。白于山河源区,无定河、孤山川、窟野河、秃尾河、佳芦河等河流中游或上中游地区达 2 万 $t/(km^2 \cdot a)$ 以上,窟野河神木-温家川区间高达 4.02 万 $t/(km^2 \cdot a)$,是黄河泥沙主要来源地。河流悬移质中"粗泥沙"(粒径>0.05 mm)含量 43.2%~61.7%,窟野河王道恒塔水文站以上地区含量高达 75.8%,神木-温家川区间"粗泥沙"侵蚀模数高达 2.92 万 $t/(km^2 \cdot a)$。东胜地区碎屑岩风化强烈,水力、重力(泻溜)侵蚀作用强,皇甫川上游侵蚀模数高达 2.79 万 $t/(km^2 \cdot a)$。由于泥沙来自强风化碎屑岩,河流悬移质中"粗泥沙"含量占 50%以上。

(2)土地沙化

土壤侵蚀使表土流失,土壤肥力下降,严重影响农业生产及生态环境,使土地大面积沙化。陕西定边、靖边、榆林以北,内蒙古南部及宁夏南部沙化分布广泛。盲目开垦、过度放牧和采樵导致沙漠前哨的防沙林带和封沙育草区严重破坏,沙漠大举内侵,沙丘南移平均速度为 3~4 m/a,移动沙丘已越过长城,深入黄土高原 5~40 km。黄河下游由于河流改道、黄河断流也造成小片土地沙化。黄河源头地区土地荒漠化日益加剧。

此外,黄河流域湿地资源短缺,局部萎缩严重;荒漠化总体面积变化不大,但程度加重,加重区主要分布在黄河源区和鄂尔多斯高原等地;全区有 41.58%的土地面积存在不同程度和不同类型的水土流失;城镇面积总体呈增加趋势,城镇建设中心有向东部和北部迁移趋势;基础地质条件对黄河流域生态环境起决定性控制作用(曾永年 等,2007)。

(3)森林草地退化

森林植被拦截降雨、涵养水源,减弱地表径流,降低岩土侵蚀强度。但由于气候变化、畜牧超载,致使草地生长环境旱化,黄河流域原始植被受到破坏。目前,梁峁谷坡为次生杂类草草原,沙漠高原和河套地区植被稀少,只有少数耐寒抗旱、耐盐碱植物,属荒漠草原类植被。草地退化广泛分布于黄河中上游,优良牧草变矮、变稀,以至枯竭,出现秃斑裸地,草场大片严重退化(佘冬立,2009)。部分农垦区过量开采地下水,区域地下水位持续下降,地表植物枯死。在黄河源头玛多县,目前已有 70%的草场退化,严重威胁着牧民的生存。

(4)河水泥沙含量高

河流流域的气候、地质条件决定了黄河成为世界上泥沙含量较高的河流之一。黄河输入下游的年平均泥沙量高达 16 亿 t,平均含沙量为 35 kg/m³。黄河河口镇以上的上游流域面积占总流域面积(不含内流区)的 51.3%,其来沙量仅占全河总含沙量的 8%;中游的河口镇至龙门区间来沙量却达到总含沙量的 55%,是黄河的主要来沙区。黄河河水中的泥沙主要来自中游黄土高原的第四纪沉积物,因此河水中的悬浮物粒度、矿物组成以及有机物的含量与黄土高原黄土相似。黄土中碳酸钙的含量百分数约为 9.85%～13.87%,与其他非黄土母质上发育的土壤碳酸钙含量相比要高得多。含有丰富的碳酸盐矿物是黄土矿物组成的特征之一,其中所含的碳酸钙使黄土具有特殊结构和性质。黄河水体泥沙中碳酸钙的含量百分数为 10% 左右,比一般河流泥沙含量高,呈现微碱性。黄河泥沙中有机质的含量偏低,百分含量极少超过 1%(杨青惠 等,2007)。

(5)河流耗水量大

黄河是我国西北、华北地区重要的水源,担负着流域内及沿黄地区约 1.4 亿人口、0.15 亿 hm² 耕地、50 多座大中城市及上百座大型工矿企业的供水任务。目前流域内已建成引水工程 4500 处,提水工程 2.9 万处。黄河下游还兴建了向两岸海河、淮河平原地区供水的引黄涵闸 94 座,虹吸 29 处。随着国民经济的发展,黄河流域河川耗水量将不断增加。据统计,黄河流域 20 世纪 50 年代的河川径流耗水量为 118 亿 m³;到了 90 年代,河川径流耗水量 270 亿 m³;2011 年,黄河总耗水量为 421.27 亿 m³,约等于黄河年入海径流量 466.4 亿 m³(王宝森,2011)。

黄河的耗水量主要用于农业灌溉用水,这部分水大部分被植物利用,其中的溶解无机碳参与了陆地碳循环过程。如果不考虑耗水量的贡献估算黄河流域生态系统各无机碳收支通量将产生巨大的误差。因此,要正确认识黄河流域化学风化作用在河流碳收支中的地位,必须要考虑耗水量的影响。

目前估算流域化学风化大气 CO_2 消耗量及消耗速率时,大多使用河流实测径流量。由于人为耗水中风化来源溶解离子的产生也消耗了大气 CO_2,因此估算流域岩石风化 CO_2 的消耗量及消耗速率时应充分考虑耗水量的贡献。

2.2.3 黄土碳汇问题有待深入研究

虽然许多学者对黄河流域碳循环过程做了一些研究,但是影响黄河流域碳循环过程的关键环节——黄土碳循环过程的研究却进行得很少。现有的研究大多将土壤作为一个整体进行研究,没有深入探讨碳酸盐的溶蚀过程及其反应机理,相关的研究方法也有待完善,并且没有对黄土的碳库地位给出清晰阐释,对干旱、半干旱地区黄土中次生碳酸盐沉积等过程和机理更是知之甚少。黄土中存在的次生碳酸盐矿物,结构分散、颗粒细小、水-土接触面大,其碳汇效应应更加明显。然而,这种溶蚀作用强度如何,碳在气-土/矿物-水之间的迁移过程怎样,黄土小流域范围碳汇通量如何估算等等这些认识黄土碳汇过程的关键问题目前尚无明确的答案。黄土在碳循环中的源汇地位及其在全球温室气体收支平衡中的作用仍然一直是困扰人们的一个问题。此外,黄河流域不同地质背景、气候环境下碳循环过程如何,人类活动对岩溶碳循环的影响是增汇还是减汇仍不清楚。岩溶地质碳汇监测网络需要合理布局,监测内容和技术方法仍需要进一步完善。对于国家关注的调查和研究不够,生态恢复、土壤改良、氮肥施用等造成碳循环过程的改变等,以及流域尺度岩溶碳循环及碳汇效应评价模型有待进一步探索。

2.3　研究的意义

2.3.1　黄河流域高质量发展的需要

近年来,国务院及相关部委先后下发《晋陕豫黄河金三角区域合作规划》《黄河三角洲高效生态经济区发展规划》《黄河流域生态保护和高质量发展规划纲要》等相关文件,表明黄河流域的发展均定位为国家发展战略。随着规划的实施,相关地区工业活动增强,人口增加将导致大量的 CO_2 排放。目前该地区已实行天保工程、太行山绿化、三北防护林、退耕还林、生态恢复和各种生态公益林建设项目,使得森林面积、蓄积、覆盖率得到持续增长,林种比例日趋合理,天然林、人工林面积也逐渐有所增长。如何在退耕还林的政策中,通过选择合适的植被类型,改善土地利用效率,进一步提高碳汇潜力,是当前我国工业发展和节能减排战略决策所需要解决的一个重要问题。2019 年 9 月 18 日,习近平总书记在黄河流域生态保护和高质量发展座谈会上发出了"让黄河成为造福人民的幸福河"的伟大号召,黄河流域生态保护和高质量发展上升为重大国家战略。2020 年 8 月,中共中央政治局审议了《黄河流域生态保护和高质量发展规划纲要》。会议指出,黄河是中华民族的母亲河,要把黄河流域生态保护和高质量发展作为事关中华民族伟大复兴的千秋大计,贯彻新发展理念,遵循自然规律和客观规律,统筹推进山水林田湖草沙综合治理、系统治理、源头治理,改善黄河流域生态环境,优化水资源配置,促进全流域高质量发展,改善人民群众生活,保护传承弘扬黄河文化,让黄河成为造福人民的幸福河。

2.3.2　黄河流域生态环境保护的需要

由于多年的毁林开荒、过度樵采、轮荒及不合理的耕作制度,导致流域内特别是黄河中游地区植被覆盖较差,涵养水源能力差,沟壑纵横(图 2.3)。土壤由粉沙颗粒组成,土质疏松,垂直节理发育,抗蚀能力低,水土流失严重。

图 2.3　黄土高原沟谷地貌(秦林林摄)

黄土高原的水土治理相继采用植树种草、退耕还林还草、兴修水库、打坝淤地、修建水平梯田、以小流域为单位进行综合治理等措施,以提高植被覆盖率(尤其是在坡度大于 25°的区域),

降低荒坡地的人类活动扰动。

由于黄土高原土壤有机质含量低下与增长缓慢,改善地球-生物物质循环的作用几乎可以忽略不计,而地球-生物物质循环可将大气中过量的二氧化碳转化为有机质储存在植被与土壤中,是缓解温室效应最有效的途径。长期以来黄土高原地区土壤有机质含量低于1%,处于极低下的水平,通过以上土壤管理措施可大大提高其有机碳含量,加速土壤中碳酸盐岩矿物的溶解,产生可观的生态效益,因此具有巨大的碳汇潜力。

已有的研究表明,植被的生长促进土壤无机碳向有机碳的转变,提高土壤有机碳的含量(李娜 等,2023;于霞 等,2022)。有机碳作为土壤的重要碳库是固碳增汇的重要途径之一,因此在生态植被恢复过程中,特别是在黄土地区进行生态绿化工程、农业耕作活动中,应考虑土壤有机碳的含量变化,促进土壤无机碳向有机碳的转变,最大限度地发挥土壤固碳的潜力。

2.3.3 实现碳达峰、碳中和的需要

2020年9月22日,中国国家主席习近平在第七十五届联合国大会一般性辩论上宣布,中国将提高国家自主贡献力度,采取更加有力的政策和措施,力争2030年前二氧化碳排放达到峰值,努力争取2060年前实现碳中和。这是中国首次提出实现碳达峰与碳中和的目标,引起了国际社会的极大关注。我国作为碳排放大国,在国际气候变化治理中发挥着重要的作用,经济发展需求与较大的减排压力使得我国需要在碳排放领域,与全球各国一同探索在新时代、新技术条件下的特色减排道路。自然界中的土壤、海洋、森林、草原、生物体、岩石等都可作为碳汇实体,均具备一定的碳消除能力和储存能力。研究流域系统的碳循环过程和碳汇效应是应对碳达峰、碳中和最经济、最有效的途径。

北京大学城市与环境学院教授方精云和其研究团队,对我国各省区的碳排放进行了统计,提出了1995—2007年我国省区碳排放及碳强度的分析报告(岳超 等,2010)。报告显示,2005—2007年,中国年均碳排放量为16.7亿t,其中东、中、西部地区占全国碳排放的比重分别为49%、34%和17%。其中,排放量最高的4个省份是山东、河北、山西和江苏,碳排放量均在1亿t以上,4省排放量之和占全国排放量的31%。其次,报告也给出了各省人均碳排放量情况。全国人均碳排放量为1.35 tCO_2/a,区域排名由高至低依次为东部、中部、西部。其中,山西、内蒙古、宁夏的人均碳排放量最高。从碳排放总量与GDP或地区生产总值的比值看,山西和宁夏处在榜首的位置,碳强度超过2 tCO_2/万元。报告显示,尽管东部地区的工业增加值占GDP比重一直高于中西部地区,但中西部地区的高耗能行业占工业产值的比重远远高于东部地区,这造成了中西部地区碳强度远远高于东部地区。因此,黄河流域的碳排放量和排放强度在全国名列前茅。2011年10月底,国家发展改革委批准在北京、天津、上海、重庆、湖北、广东、深圳7省市开展碳排放权交易试点工作。目前,7个试点省市的碳排放权交易市场已全部启动。配额总量合计约每年12亿t二氧化碳,覆盖20多个行业及2000余家企业、事业单位。截至2014年11月底,各地区合计交易量约为1444万t二氧化碳,交易额约5.39亿元人民币,地方配额月均价格为24～80元(佚名,2015)。相关省份的地方政府也分别出台了关于"应对气候变化规划""低碳创新行动计划"等内容的政策文件,多方位、多渠道降低碳排放。

第3章 青海水磨沟流域岩溶碳循环及碳汇效应

3.1 研究区概况

3.1.1 位置及交通条件

水磨沟(东经102°13′38.78″~102°17′22.49″,北纬36°29′39.06″~36°47′23.16″)流域发源于松多藏族乡马营等村,位于青海省互助土族自治县和乐都区境内,距西宁约40 km(图3.1)。流域面积271 km²,河流总长50 km,多年平均径流量0.304亿m³。流域出口处的高店镇有京藏高速、京拉线一级路及G109国道通过,同时有京藏铁路通过,距离海东火车站约5 km,距离曹家堡飞机场17 km,交通便利。研究区内有一条乡村公路连通水磨沟谷内的各个村庄。但是部分村庄在山上,尚未通公路,交通不便,主要交通方式为骑摩托车和步行。

图3.1 水磨沟流域交通位置图

3.1.2 气象水文条件

水磨沟流域属于大陆性寒温带气候,冬季受西伯利亚季风和寒流影响,夏季受东南沿海季风影响,具有明显的冬冷夏暖的季风气候特征,属于典型的半干旱大陆性季风气候。表现为春季干旱多风,气温上升缓慢;夏季凉爽,前期常缺雨;秋季短暂,雨量集中;冬季漫长,寒冷少雪。年平均气温 5 ℃左右,无霜期 130 d 左右,年平均降水量 500 mm 左右,年平均蒸发量 1260 mm 左右;年平均相对湿度 64%。研究区降水量(图 3.2)分配极不均匀,多集中在 6、7、8、9 四个月内,约占全年总降水量的 70%～75%;以 7、8 月份最多,约占全年总降水量的 40%～46%。暴雨也出现在7、8 月份,气温以 6—8 月最高,极高值出现在 7 月,最低气温出现在 1 月。

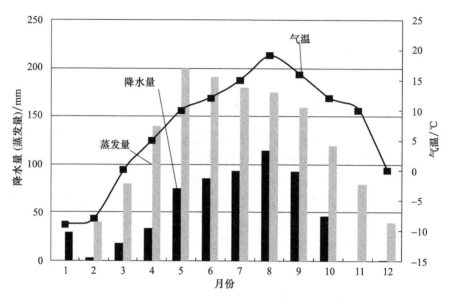

图 3.2　水磨沟流域多年降水量、蒸发量及气温统计

水磨沟属黄河流域、湟水水系,发源于松多藏族乡东岔、北岔、夹道沟,全长 50 km,河水平均流量 1.1 m³/s,最大流量 1.8 m³/s,河床平均宽度 20 m。该河自北向南经松多藏族乡、红崖子沟乡和乐都区高店镇注入湟水。流域面积 271 km²,年平均径流量 0.3 亿 m³。其他河流短而小,流量不大,全县地表水总径流量 2 亿 m³(不含湟水和大通河)。境内污染较少,水质良好,是互助土族自治县和乐都区的主要饮用灌溉水源地。境内水资源受自然降水控制,植被覆盖度低,自然调蓄能力较差,地表水实际变化和季节性变化幅度较大。一般冬春季为枯水期,春季灌用水较紧张;夏秋季为丰水期,降水集中,会出现洪水灾害。

3.1.3　地形地貌特征

水磨沟地处祁连山南麓,为黄土高原与青藏高原交错地带,具有两大高原的特点,地势起伏、北高南低,海拔高低悬殊,地形为河谷(沟谷)地带、低山丘陵地带、中山地带(脑山地形,图 3.3)。海拔高度 2200～4200 m,平均海拔高度 3100 m,最高点海拔高度为 4170 m,位于康列尖山;最低点位于流域最南端水磨沟与湟水汇合处,海拔高度 2180 m。该区地形复杂,山丘起伏,沟壑纵横,土地支离破碎,水土流失严重。河谷区,河床不断下切,在河床两侧分布着河漫滩一级阶地、二级阶地和三级阶地,这里土壤肥沃,气候温暖,灌溉便利,农业生产水平高。研究区位于大板山东延,冷龙岭南侧,属祁连山东段。

研究区地层自老到新主要为震旦系、寒武系、奥陶系、古近系、新近系、第四系地层。第四系地层广泛分布于哈拉直沟和红崖子沟河谷及两侧低山丘陵区,时代从中更新世到全新世,成因类型主要为冰碛-冰水沉积、风积、冲洪积、冲积等。区内岩溶水赋存并运移于震旦系灰岩含水层中,地下水赋存条件受地形切割程度制约明显,河谷及冲沟顶部地区补给条件相对较好,发育沟脑的宽谷、掌形、杖形地的松散岩层及下伏基岩风化带内赋存有孔隙潜水。

图 3.3 东岔沟河谷及山地丘陵地形(秦林林摄)

3.1.4 土壤与植被特征

研究区土壤呈现明显的垂直分带性,由低到高分别为栗钙土、黑钙土、山地灰褐土、山地草甸土、高山草甸土、高山寒漠土。土壤资源特点是:土壤资源丰富,土类土种繁多,各个土类、土种均占一定的面积,既有地带性土壤,又有非地带性土壤,丰富的土壤资源有利于农、林、牧业综合发展。山地土壤多,占比 90.8%,而滩地、川地土壤少。

通过资料分析和生态环境调查初步查明,水磨沟流域内的主要土壤类型有 5 类,包括高山草甸土、灰褐土、灰钙土、栗钙土、潮土。各个土壤类型的面积及所占比例见表 3.1。

表 3.1 水磨沟土壤类型

土壤类型	面积/km²	所占比例/%
高山草甸土	41.66	16.27
灰褐土	63.85	24.94
灰钙土	100.93	39.43
栗钙土	30.15	11.78
潮土	19.41	7.58

水磨沟流域的主要土地利用方式有 4 种,包括林地、草地、灌丛和耕地。流域北部主要是林地,为天保防护林工程,同时有部分高山草地和灌丛。流域中部为侵入岩风化土壤生长的草地和灌丛。流域中下部山体主要为草地,沟谷中主要为耕地,是周围居民居住和耕种的主要场所。主要农作物有小麦、青稞、马铃薯、大蒜、菜籽等,主要牲畜有马、牛、猪、羊等;区内森林资

源为北侧的天保防护林工程,主要乔木有云杉、圆柏、杨青、山杨等,灌木有黑刺、沙棘、红皮柳、猫儿刺等。各土地利用方式的面积如表 3.2 所示。

表 3.2 水磨沟流域土地利用方式

土壤类型	面积/km²	所占比例/%
林地	79.32	30.98
灌丛	83.00	32.43
草地	74.27	29.01
耕地	19.41	7.58

3.1.5 社会经济发展及与碳循环相关的人类活动概况

研究区所在的互助土族自治县位于青海省东北部,地处祁连山脉东段南麓、黄土高原与青藏高原过渡地带,是全国唯一的土族自治县,被誉为"彩虹的故乡"。行政区划面积 3424 km²,县辖 8 镇 11 乡 294 个行政村,总人口 40.15 万人,其中城镇人口 9.62 万人,乡村人口 30.53 万人。全县土、藏、回、蒙等 28 个少数民族人口 11.21 万人,占 27.92%。其中土族 7.47 万人,占 18.61%;藏族 2.59 万人,占 6.45%;回族 1.07 万人,占 2.67%。

互助土族自治县是青海省农业大县,已经成为北方最大的春油菜杂交油菜制种基地、青海省重要的马铃薯种植繁育基地和重要的菜篮子基地,同时,被国家农业农村部认定为第一批国家农产品质量安全县、第一批马铃薯和油菜区域性良种繁育基地、全国休闲农业和乡村旅游示范县。2017 年,各类农作物播种面积达 109.4 万亩,其中小麦 16.5 万亩、豆类 8.5 万亩、马铃薯 30 万亩、油菜 37 万亩、果蔬品 8.5 万亩、玉米 1 万亩、青稞 1.5 万亩、中药材 4.6 万亩,其他农作物 1.8 万亩。

另外,位于该县北部的互助北山林区,地处黄河支流大通河中下游,属祁连山脉大坂山支脉,地处黄土高原向青藏高原过渡地带,独特的地理位置和气候条件形成了多样性的生物圈。林区总面积 11.3 万 hm²,其中有林地面积 3.8 万 hm²,疏林地面积 0.4 万 hm²,灌木林地面积 3.2 万 hm²。活立木蓄积量 330.4 万 m³。互助北山林区不仅是青海著名的国家级森林公园,而且是黄河的主要水源涵养林区,森林直接经济价值体现在木材产量上。按出材率 70% 和每立方米木材价格 550 元计算,林区木材储备价值 127204 万元;每年木材净生长率为 1.88%,每年净生长量为 6.3 万 m³,每年净增价值 2205 万元。除了森林的直接经济价值以外,森林生态系统的间接价值显得更为重要。森林生态系统的间接价值即森林的生态功能价值,是指森林生态系统对人类、社会和环境发挥的全部效益和服务功能。对互助北山林区来说,其间接价值主要表现在光合作用、涵养水源、防止水土流失和土地荒漠化、保护野生动植物、固定 CO_2 和净化大气、减少病虫害及森林旅游价值等方面。

可以看出,研究区社会经济发展与碳循环相关的活动密切相关。进一步加大森林覆盖面积或者通过调控耕地种植农作物的品种来实现固碳减排还需要进一步的调查和研究,从而在不损害社会和人民利益的情况下,实现碳吸收最大化。

3.2　研究区地下水流域边界的确定及子流域划分

3.2.1　地下水流域边界的确定与划分

通过水文地质调查,初步查明流域内地下水类型及储水条件,确定 5 个主要水文地质单元,分别是流域上游碳酸盐岩裂隙水、中游侵入岩裂隙水、中游黄土透水不含水地层、下游碎屑岩裂隙水及黄土底砾石含水等。各个水文地质构造单元的面积及在流域中所占比例如表 3.3 所示。

表 3.3　水磨沟水文地质单元

水文地质单元名称	面积/km²	在流域中所占比例/%
碳酸盐岩裂隙水	116.00	45.31
块状基岩裂隙水	47.57	18.58
黄土透水不含水地层	36.35	14.20
层状基岩裂隙水	37.52	14.66
黄土底砾石层含水	18.56	7.25

3.2.2　地下水含水介质及补径排条件

碳酸盐岩裂隙水主要位于水磨沟流域上游,分布于上古元界结晶灰岩、灰岩、白云岩为主的可溶性岩石及部分碎屑岩中。含水层管状裂隙岩溶发育,有利于地下水赋存和径流。裂隙岩溶泉分布较多,且水量较丰富。由于裂隙岩溶发育程度、地下水补给条件等因素的影响,水量及泉水分布密集程度差别很大。总体上地下水有充足的补给源,泉水出露较多。

块状基岩裂隙水主要为加里东中期和晚期的中酸性侵入岩,基性、超基性岩较少。这些岩石经历了多次构造变动以及长期的物理和化学风化作用,因而风化裂隙和构造裂隙较为发育。

黄土透水不含水地层中,黄土以粉土颗粒为主,富含钙质,具有大孔性及垂直裂隙,往往夹有古土壤及钙质结核层。由于黄土以粉土颗粒为主且具有垂直裂隙,所以黄土在垂直方向上渗透的能力很强,地下水水位往往埋藏较深。

层状基岩裂隙水含水层主要由中生界、古生界、元古界的沉积岩和变质岩组成,风化裂隙和构造裂隙较为发育,为基岩裂隙水的形成提供了良好的储水空间。由于河谷两侧山体支离破碎,地形坡度较大,不利于大气降水的渗入,相应的泉水出露较少,流量偏小,在地势较高、地形坡度相对较缓处,山体宽厚、地段完整,有利于大气降水的渗入和地下水的富集,泉水流量较大,泉点增多。

黄土底砾石层含水指丘陵黄土底砾石层潜水含水层。岩性为中更新统冲洪积卵砾石和泥质卵砾石层,厚度 2~8 m 不等,可接受大气降水补给。但含水层厚度较薄,多呈不连续展布,地下水储存条件差,不利于地下水赋存,为地下水极贫乏段。

综上所述,不同地段、不同类型地下水形成的具体情况较为复杂,但从地下水补给因素分析,归根结底它们的补给源都是大气降水。碳酸盐岩裂隙水分布面积最广,其补给来源主要是大气降水的渗入补给和少量冰雪融水补给。补给条件受地层岩性、裂隙发育程度、地形条件、地表植被覆盖程度和降水量等因素控制,由于流域内沟谷发育,含水介质赋存地下水的能力较差,因此当地下水得到补给源后,经短暂运移,部分地下水以泉的形式汇集成溪,另一部分以侧向补给方式补给河谷潜水和隐蔽形式补给裂隙孔隙水。

3.2.3 地下水径流模数的计算

地下水径流模数也称"地下径流率",是 1 km^2 含水层分布面积上地下水的径流量,表示一个地区以地下径流形式存在的地下水量的大小。径流模数 = 平均流量/集水面积(单位:m^3/($s \cdot km^2$))。位于水磨沟流域下游的杨家坡水文站为流域流量的总控制点。通过调查其平均流量为 2.02 L/s,流域面积 271 km^2,进而求出流域径流模数为 7.45×10^{-6} m^3/($s \cdot km^2$)。

3.3 碳循环特征及影响因素分析

3.3.1 岩溶碳循环的水化学因素

岩溶作用是与地球陆地碳循环有关的重要地球表生作用,其显著特点是与地球各圈层,即大气圈、水圈、岩石圈(包括土壤层和生物圈)的物质能量转移有关。通过研究碳酸盐岩溶解及在地表流域中的搬运过程,分析河水中主要离子的水化学特征,可以反演流域内地表岩石所历经的地球化学反应过程,进而分析岩溶流域岩溶碳循环过程。

水磨沟流域水体主要离子水化学特征见表 3.4,研究区地表水现场测定温度为 11.1~23.4 ℃,均值为 16.0 ℃;地表水 pH 值为 7.63~8.16,平均值为 7.96±0.18,表现为中性偏碱。地下水水温为 4.4~12.4 ℃,均值为 9.4 ℃;地下水 pH 值为 7.32~7.85,平均值为 7.55±0.19,表现为中性偏碱。电导率能够反映水体中的离子强度,地表水为 477~2370 $\mu S/cm$,地下水为 106~954 $\mu S/cm$。水样总溶解性固体(TDS)含量范围变化较大,地表水为 286~1422 mg/L,地下水为 64~572 mg/L。地下水和地表水远高于世界河流 TDS 的平均值 69 mg/L。水磨沟的阳离子总当量浓度($TZ^+ = Na^+ + K^+ + 2Mg^{2+} + 2Ca^{2+}$)地表水均值为 15.49 meq/L,地下水均值为 7.53 meq/L;阴离子的总当量浓度($TZ^- = Cl^- + 2SO_4^{2-} + HCO_3^- + NO_3^- + 2CO_3^{2-}$)地表水为 15.39 meq/L,地下水为 7.73 meq/L。无机电荷平衡系数[$NICB = (TZ^+ - TZ^-) \times 100/TZ^+$]可以表示电荷的平衡状态。研究区地表水、地下水样品的 NICB 全部介于 -5%~$+5\%$,说明离子基本平衡,离子化学数据可用。

根据研究区地下水主要离子 Piper 图(图 3.4)可以看出,水磨沟流域地下水中 HCO_3^- 为优势离子,占阴离子总量的 58%~86%,平均 74%;Ca^{2+} 为优势阳离子,占阳离子总量的 42%~65%,平均 52%;按所占比重排序阳离子和阴离子分别是 $Ca^{2+} > Mg^{2+} > Na^+ > K^+$,$HCO_3^- > SO_4^{2-} > Cl^- > NO_3^-$。从 Piper 三线图可知,流域地下水水化学类型为 HCO_3-Ca 型;地表水水化学特征表现为较大的差异性,大部分地表水阴离子主要以 HCO_3^- 为主,阳离子以 Ca^{2+} 和 Mg^{2+} 为主,水化学类型为 HCO_3-Ca-Mg 型。而个别地表水表现为 Cl^- 为优势阴离子,Na^+ 为优势阳离子,水化学类型为 Cl-Na 型。

表 3.4　水磨沟流域主要离子组成特征

采样点编号	水温/℃	pH值	TDS/(mg/L)	电导率/(μS/cm)	离子成分/(mmol/L)								
					K^+	Na^+	Ca^{2+}	Mg^{2+}	SO_4^{2-}	HCO_3^-	Cl^-	NO_3^-	CO_3^{2-}
QB01	11.4	7.78	332	554	0.087	0.215	2.5520	0.3670	1.0420	4.028	0.122	0.122	—
QB02	11.5	8.14	287	479	0.078	0.203	2.2330	0.3035	0.7240	3.676	0.122	0.122	0.0780
QB03	11.1	8.11	325	542	0.085	0.223	2.2650	0.3035	0.7690	3.754	0.131	0.131	0.0780
QB04	23.4	7.85	426	710	0.244	52.2	4.7690	10.5705	18.0845	4.693	36.463	36.463	—
QB05	16.0	7.98	289	482	0.132	0.626	1.9140	0.2550	0.4335	3.833	0.418	0.418	—
QB06	15.2	8.04	311	519	0.098	0.389	2.1690	0.3190	0.7915	3.715	0.215	0.215	0.0390
QB07	16.0	8.03	286	477	0.128	0.460	2.0735	0.1595	0.5255	3.637	0.321	0.321	0.0390
QB08	21.9	8.16	1422	2370	0.176	15.791	2.2330	2.6805	3.9645	5.984	10.964	10.964	0.2345
QB09	12.8	7.76	311	518	0.111	0.790	2.0495	0.3910	0.799	3.911	0.347	0.347	—
QB10	14.1	7.63	331	551	0.111	0.874	2.3605	0.1915	0.8785	4.067	0.395	0.395	—
QB11	23.1	8.14	881	1468	0.192	10.875	1.4355	1.5315	2.8935	5.280	4.546	4.546	0.1955
QX01	11.4	7.40	478	796	0.162	1.577	2.4885	1.1805	1.0405	6.003	0.867	0.867	—
QX02	11.9	7.85	301	501	0.137	0.944	1.5150	0.3350	0.5925	3.207	0.221	0.221	—
QX03	9.0	7.84	325	541	0.151	0.833	2.1290	0.4865	0.8930	3.989	0.258	0.258	—
QX04	12.4	7.32	442	737	0.200	1.088	2.5520	0.7340	0.6705	5.299	0.988	0.988	—
QX05	4.4	7.74	238	396	0.091	0.220	1.6585	0.5745	0.3095	3.637	0.150	0.15	—
QX07	7.3	7.36	64	106	0.104	2.178	2.8390	1.6275	0.8675	6.570	2.101	2.101	—
QX08	12.2	7.47	467	778	0.166	1.494	2.2010	1.3725	0.9590	5.964	0.865	0.865	—
QX09	11.9	7.42	572	954	0.222	1.727	2.7195	1.5555	1.7150	5.397	2.013	2.013	—
QX10	11.1	7.51	407	678	0.151	1.353	2.3130	0.6705	0.9375	4.967	0.580	0.580	—
QX11	6.3	7.65	284	473	0.108	0.273	1.7865	0.7340	0.4655	4.380	0.121	0.121	—
QX13	6.3	7.54	319	532	0.140	1.044	1.9780	0.7980	0.4995	5.299	0.430	0.430	—

注：—表示未检出；QB 表示地表水；QX 表示地下水（下同）。

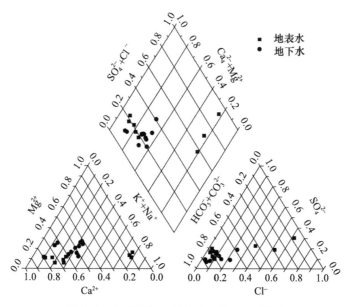

图 3.4　水磨沟流域离子组成 Piper 三线图

为了直观地比较各类河水的化学组成、形成原因及彼此间的相互关系,Gibbs 设计了一种半对数坐标,该图纵坐标为对数坐标,代表河水中溶解性物质的总量;横坐标为普通坐标,代表河水中阳离子的比值 $Na^+/(Na^++Ca^{2+})$ 或阴离子的比值 $Cl^-/(Cl^-+HCO_3^-)$。Gibbs 图可以较直观地反映出河水主要组分趋于"降水控制类型""岩石风化类型"或"蒸发-浓缩类型",是定性地判断区域大气降水、岩石、蒸发-浓缩作用等对河流水化学影响的一种重要手段。

在 Gibbs 图中,一些低矿化度的河水具有较高的 $Na^+/(Na^++Ca^{2+})$ 或 $Cl^-/(Cl^-+HCO_3^-)$ 比值(接近于1),代表此种河水的点分布在图的右下角,这类河流主要接收海洋起源的大气降水补给,其离子组成含量取决于大气中"纯水"对海洋气溶胶的稀释作用。溶解性物质含量中等而 $Na^+/(Na^++Ca^{2+})$ 或 $Cl^-/(Cl^-+HCO_3^-)$ 比值在 0.5 左右或者小于 0.5 的,此种河水的点分布在图的中部左侧,其离子主要来源于岩石的风化释放。离子总量很高,$Na^+/(Na^++Ca^{2+})$ 或 $Cl^-/(Cl^-+HCO_3^-)$ 比值也很高(接近于1),此种河水的点分布在图的右上角,反映了该河流分布在蒸发作用很强的干旱区域。从 Gibbs 图中(图 3.5)可以看出,水磨沟流域各采样点样品的离子含量投点绝大多数都落于 $Na^+/(Na^++Ca^{2+})$ 或 $Cl^-/(Cl^-+HCO_3^-)$ 的比值小于 0.5 的范围内,说明其离子成分主要来源于岩石的风化过程。但是个别地表水水样向蒸发-浓缩类型延伸,反映蒸发对研究区水化学的影响。水磨沟流域年平均降雨量 500 mm 左右,年平均蒸发量 1260 mm 左右,蒸降比约为 2.5。

元素比值的变化关系可以鉴别河水的岩石风化源区物质,根据前人研究资料,碳酸盐岩、硅酸盐岩和蒸发盐岩风化来源的水化学组成特征值见表 3.5。图 3.6 为水样中 Ca^{2+}、HCO_3^- 与 Na^+ 标准摩尔比值的变化关系,可以看出,地表水离子大部分位于硅酸盐岩风化端元与碳酸盐岩风化端元之间,个别离子组成更靠近蒸发盐岩溶解一端,显示蒸发盐岩溶解对离子组成的贡献;而地下水离子组成主要位于硅酸盐岩风化端元与碳酸盐岩风化端元之间。同样,水样中 Ca^{2+}、Mg^{2+} 与 Na^+ 标准摩尔比值的变化关系也显示相同的规律,这进一步表明水磨沟流域水中的离子主要受碳酸盐岩的影响,硅酸盐岩和蒸发盐岩也有一定贡献。

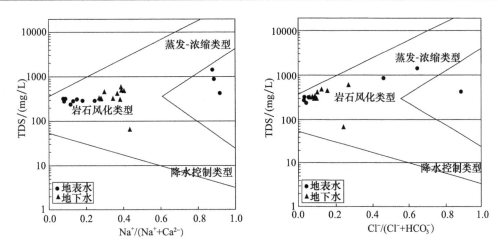

图 3.5　水磨沟流域 Gibbs 分布图

表 3.5　不同端元水化学组成特征

(Raich et al.，1995；Dessert et al.，2003；Qin et al.，2006；Chetelat et al.，2008)

	Mg^{2+}/Na^+	Ca^{2+}/Na^+	HCO_3^-/Na^+
蒸发盐岩	0.01～0.05	0.15～0.30	0.15～0.30
碳酸盐岩	19±9	50±20	50～200
硅酸盐岩	0.24±0.12	0.35±0.15	2±1

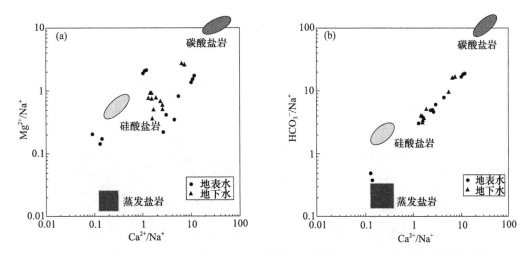

图 3.6　Na^+ 校正 Ca^{2+} 和 Mg^{2+} (a)以及 Na^+ 校正 Ca^{2+} 和 HCO_3^- (b)的元素比值分布图

3.3.2　岩溶碳循环的地质因素

调查区内的地层出露有下元古界地层、上元古界地层、新生界地层。下元古界地层(Pt1)主要为湟源群变质岩,分为下段刘家台组和上段东岔沟组。下段刘家台组为含碳质云母石英片岩、片麻岩夹大理岩、石英岩、斜长角闪岩。上段东岔沟组为石英片岩夹大理岩,主要分布在流域的中下部。上元古界地层(Pt2)有中岩组花石山群灰色结晶灰岩、白云岩、大理岩、夹千枚岩,下岩组灰白色千枚岩、硅质千枚岩、板岩、石英岩和少量结晶灰岩。碳酸盐岩地层面积约为116 km²,占流域的面积的45%。流域内古生界、中生界地层缺失,新生界地层出露西宁群棕红色泥岩夹石膏、砂岩及泥灰岩,下部为橘红色、棕红色泥岩夹砂岩。

流域内的侵入岩主要为加里东中期岩。中期岩类型较为单一,为中酸性侵入岩,规模大。加里东中期石英闪长岩为半自形结构,似斑状构造,产出形式为岩盘。花岗闪长岩为中粒结构、块状构造,产出形式为岩株。侵入岩多呈现东西向、北西西向顺层或微斜交层理侵入,并与区域构造线相一致,风化裂隙和构造裂隙较发育,风化壳厚度大于20 m。

从构造运动上讲,水磨沟流域位于祁吕弧形褶皱带西翼的中部,是一系列压扭性结构面占主导的地区,流域内主要的构造带为松多山东西构造带。该构造带西延大通河以西,东至等等岭,北自俄座岭,南到乐都,展布范围很广。这个构造带的地层均呈东西向展布,为松多山复向斜构造。两翼均由上元古界组成,倾角为50°～70°,轴呈东西向,花岗岩岩体侵入了核部和南翼大部地区。

域内的第四纪地层主要分布于河谷区和低山丘陵区。除了下更新世未见到外,其余地层均有出露。主要地层有以下3类覆盖类型。

Q_2^{2al-pl}冲洪积物(图3.7):分布在流域西部的低山丘陵地区,受后期水蚀作用明显,出露海拔高度2800～3000 m。含泥质砂卵石层,较密实。

图3.7　Q_2^{2al-pl}冲洪积物(马俊飞摄)

Q_3^{eol}风积黄土(图3.8):是流域中下游低山丘陵主要的第四系覆盖类型,主要地形地貌为梁卯地形,黄土颜色为单一的黄色,质地均匀,结构疏松,为亚砂土、亚黏土,多含大的孔隙,垂直节理发育,无层理,在管状孔隙理填充白色钙斑点。黄土厚度一般在5～20 m。调查区黄土与兰州附近的黄土在各种物质成分空间分布上无明显差异。

图 3.8　Q_3^{eol} 风积黄土（马俊飞摄）

Q_4^{al-pl} 冲洪积物（图 3.9）：主要分布在水磨沟河谷及其支流的沟谷中及山前滩地。厚度 $0.1 \sim 2.0$ m，下部为含泥砾卵石层，土质松散，泥质含量高，是流域内主要的农业耕作土壤。

图 3.9　Q_4^{al-pl} 冲洪积沟谷（马俊飞摄）

研究区广泛出露结晶灰岩、白云岩、大理岩，如上水磨沟沟脑、青石坡地区，这些岩石可溶性较强，地下水在其循环径流过程中，形成了溶沟、溶隙、溶孔溶洞等岩溶现象，为裂隙溶洞水的赋存提供了良好的条件。

3.3.3　外源酸对流域碳循环的影响

由水磨沟流域地表水和地下水中离子组成特征分析可以看出，水磨沟流域河水水样中

27

SO_4^{2-} 和 NO_3^- 含量比较高。其中，SO_4^{2-}/Na^+ 比值范围为 0.25～4.85,均值 1.27；NO_3^-/Na^+ 比值范围为 0.02～0.73,均值 0.31,均远高于长江流域。NO_3^- 一般认为是来源于人类活动，而 SO_4^{2-} 的来源可能有大气输入、硫化物的氧化或者石膏的溶解。因此,鉴别水体中 SO_4^{2-} 的来源,对于理解流域岩石风化和地质碳循环具有重要意义。采用 Na^+ 比值校正,则 SO_4^{2-}/Na^+ 和 NO_3^-/Na^+ 呈明显正相关关系(图 3.10),说明 SO_4^{2-} 与 NO_3^- 和 Cl^- 有相同或者相似的来源。NO_3^- 一般被认为是人类活动输入,因此认为该部分河水中 SO_4^{2-} 与 NO_3^- 主要来自人类活动的输入。考虑到研究区地层背景中含有蒸发盐岩,其对水体中的 SO_4^{2-} 也存在一定贡献,因此认为河水中与 $Ca^{2+}+Mg^{2+}$ 相平衡的外源酸主要来自于人类活动的输入、硫化物的氧化以及蒸发盐。

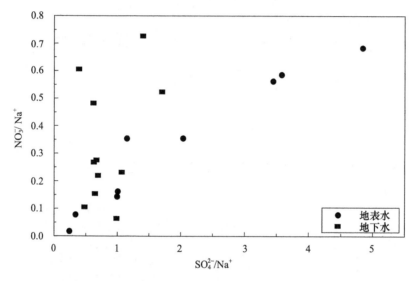

图 3.10　河水中硫酸根和硝酸根与钠的比值

岩石化学风化的实质是反应介质(如水和酸性溶液)与矿物岩石发生反应的过程。根据反应介质的不同,常见的岩石化学风化过程可分为碳酸(H_2CO_3)、硫酸(H_2SO_4)、水(H_2O)和硝酸(HNO_3)等参与的化学风化。根据岩石矿物的不同,风化过程又可分为碳酸盐岩风化、硅酸盐岩风化和蒸发盐岩风化大类。自然界中,以 H_2CO_3 和 H_2SO_4 参与的岩石化学风化为主且最为常见。其中参与反应的 H_2CO_3 主要来源于大气或土壤 CO_2;自然源的 H_2SO_4 主要来源于流域内硫化物(主要是 FeS)的氧化。随着工业发展,人类活动引起的 SO_2 和 NO_x 沉降也逐渐增强,从而使得人为源的 H_2SO_4 和 HNO_3 参与的岩石化学风化作用也逐渐显著。

水磨沟流域河水的阴阳离子三角图反映了不同岩石类型及外源酸对水化学组成的影响。从图 3.11 中可以看出,水磨沟流域地下水阴离子大部分都落在了 H_2CO_3 风化碳酸盐岩一端,个别水点落在了 H_2SO_4 风化碳酸盐岩附近;而地表水除了落在了 H_2CO_3 风化碳酸盐岩端元一端,并趋于偏向蒸发盐岩或盐岩溶解一端。表现为受 H_2CO_3 风化碳酸盐岩和 H_2SO_4 风化碳酸盐岩以及蒸发盐岩或盐岩溶解共同影响。

假设硅酸盐岩碳酸溶蚀过程中,离子是平衡的,那么可得到如下方程:

$$(HCO_3^-)_{sil}=CO_{2sil}=(Na^+)_{sil}+(K^+)_{sil}+2(Ca^{2+})_{sil}+2(Mg^{2+})_{sil}$$

式中,$(HCO_3^-)_{sil}$ 为水样中碳酸溶蚀硅酸盐岩产生的 HCO_3^-;CO_{2sil} 是指硅酸盐岩的碳酸溶蚀过程

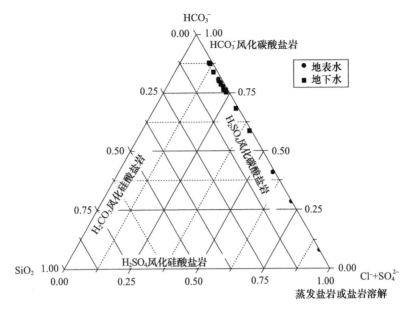

图 3.11 水磨沟流域河水的阴阳离子三角图

中所消耗的 CO_2；$(Na^+)_{sil}$、$(K^+)_{sil}$、$(Ca^{2+})_{sil}$ 和 $(Mg^{2+})_{sil}$ 分别指硅酸盐岩风化来源的钠、钾、钙、镁。对于碳酸盐岩化学风化过程（包括碳酸和外源酸溶蚀）产生的 $(HCO_3)_{carb}$，则有

$$(HCO_3^-)_{carb} = HCO_3{}^{H_2CO_3}_{carb} + HCO_3{}^{H_2SO_4 + HNO_3}_{carb} = (HCO_3^-)_{total} - (HCO_3^-)_{sil}$$

式中，$(HCO_3^-)_{total}$ 为水样中总的 HCO_3^-；$(HCO_3^-)_{carb}$ 为水样中碳酸盐岩溶蚀产生的 HCO_3^-；$HCO_3{}^{H_2CO_3}_{carb}$ 为水样中碳酸溶蚀碳酸盐岩产生的 HCO_3^-；$HCO_3{}^{H_2SO_4 + HNO_3}_{carb}$ 为水样中外源酸 （H_2SO_4 和 HNO_3）溶蚀碳酸盐岩产生的 HCO_3^-。根据方程，可以计算出各种来源的 HCO_3^- 量以及各种酸对碳酸盐岩风化过程的影响强度。即

$$HCO_3{}^{H_2CO_3}_{carb} = 2 \times (Ca^{2+} + Mg^{2+}){}^{H_2CO_3}_{carb} = 2 \times [(HCO_3^-)_{carb} - (Ca^{2+} + Mg^{2+})_{carb}]$$

$$\chi = (HCO_3^-){}^{H_2CO_3}_{carb} / (HCO_3^-)_{total} \times 100\%$$

式中，χ 表示碳酸溶解碳酸盐岩产生的 $HCO_3{}^{H_2CO_3}_{carb}$ 对地下水中总的 $(HCO_3^-)_{total}$ 的贡献率。硫酸和硝酸溶解碳酸盐岩产生的 $HCO_3{}^{H_2SO_4 + HNO_3}_{carb}$ 对地下水中总的 $(HCO_3^-)_{total}$ 的贡献率也可计算出来。

最后，求出碳酸溶解碳酸盐岩产生的 $HCO_3{}^{H_2CO_3}_{carb}$ 对地下水中总的 $(HCO_3^-)_{total}$ 的贡献率为 73%，硫酸和硝酸溶解碳酸盐岩产生的 $HCO_3{}^{H_2CO_3}_{carb}$ 对地下水中总的 $(HCO_3^-)_{total}$ 的贡献率 27%。

3.3.4 岩溶碳循环发生的生态环境因素

3.3.4.1 土壤化学性质

选择 20 个土壤剖面，并根据土壤剖面的分层特征，分别采集了土下 0～20 cm、20～50 cm 和 50～70 cm 3 个深度的土壤样品，总共采集土壤样品各 60 件，分析结果见表 3.6。调查表明，水磨沟流域的主要土地利用方式有 3 种，包括林地、草地、灌丛。流域北部主要是林地，为天保防护林工程，同时有部分高山草地。流域中部为侵入岩风化土壤生长的草地和灌丛。研究区内土壤呈现明显的垂直分带性，由低到高分别为栗钙土、黑钙土、山地灰褐土、山地草甸土、高山草甸土、高山寒漠土。

表 3.6 水磨沟流域土壤化学成分

采样点编号	土地利用方式	二氧化硅(SiO₂)	总碳(TC)	有机碳(Corg.)	无机碳(TIC)	钾(K)	铁(Fe)	钙(Ca)	镁(Mg)	钠(Na)	铝(Al)	锰(Mn)	磷(P)	氮(N)	pH值
		%										10^{-6}			
QT01-1	草地	56.31	3.69	2.12	1.57	1.89	2.83	6.25	1.42	1.01	5.72	632	801	2201	8.59
QT01-2	草地	53.20	3.35	1.26	2.09	1.82	2.79	8.27	1.45	0.96	5.59	620	710	1407	8.15
QT01-3	草地	52.65	3.07	0.76	2.31	1.81	2.80	8.57	1.63	1.16	5.66	587	636	947	8.31
QT02-1	草地	59.72	2.23	1.56	0.67	2.07	3.86	3.35	1.53	1.13	7.03	777	762	1630	8.46
QT02-2	草地	58.57	2.03	1.19	0.84	2.08	3.73	3.85	1.48	1.02	7.12	746	700	1254	8.56
QT02-3	草地	58.76	2.00	1.03	0.97	2.08	3.66	4.00	1.44	1.06	7.00	740	684	1031	8.10
QT03-1	林地	55.74	2.56	1.19	1.37	1.95	3.38	6.26	1.91	0.99	5.93	729	805	1059	8.58
QT03-2	林地	57.08	2.70	1.46	1.24	2.15	3.62	4.96	1.59	0.98	6.64	784	808	1407	8.50
QT03-3	林地	55.65	3.13	1.72	1.41	2.14	3.46	5.90	1.65	0.96	6.29	727	974	1825	8.56
QT04-1	灌丛	54.28	3.14	1.29	1.85	1.96	3.21	7.00	1.54	0.90	6.28	684	734	1337	8.56
QT04-2	灌丛	53.58	2.75	0.70	2.05	1.92	3.17	7.49	1.60	0.91	6.19	698	622	766	8.97
QT04-3	灌丛	53.23	2.37	0.17	2.20	1.93	3.13	7.76	1.72	0.92	6.30	653	565	293	8.78
QT05-1	林地	60.82	3.93	3.62	0.31	2.26	4.06	1.74	1.53	0.99	7.22	862	949	3385	8.04
QT05-2	林地	60.42	3.07	2.65	0.42	2.23	4.08	1.99	1.52	0.97	7.45	878	937	2702	8.25
QT05-3	林地	61.05	2.80	2.65	0.15	2.25	4.17	1.57	1.50	0.98	7.54	894	958	2688	8.32
QT05-4	林地	61.59	2.31	2.16	0.15	2.23	4.22	1.39	1.50	1.01	7.63	897	912	2229	8.33
QT05-5	林地	61.11	1.80	1.59	0.21	2.23	4.18	1.69	1.54	1.00	7.72	885	878	1630	8.41
QT06-1	草地	53.56	3.04	1.03	2.01	1.71	3.46	7.74	1.85	0.90	6.17	728	896	961	8.47
QT06-2	草地	52.63	3.24	0.96	2.28	1.69	3.35	8.41	1.76	0.87	6.13	727	844	919	8.56
QT06-3	草地	53.74	2.61	0.66	1.95	1.83	3.40	7.27	1.59	0.90	6.40	686	632	710	8.46

续表

采样点编号	土地利用方式	二氧化硅 (SiO₂)	总碳 (TC)	有机碳 (Corg.)	无机碳 (TIC)	钾 (K)	铁 (Fe)	钙 (Ca)	镁 (Mg)	钠 (Na)	铝 (Al)	锰 (Mn)	磷 (P)	氮 (N)	pH值
		%										10^{-6}			
QT07-1	林地	59.55	5.27	4.68	0.59	2.20	3.99	2.13	2.01	0.94	6.82	982	1073	3956	8.02
QT07-2	林地	60.02	2.44	1.63	0.81	2.13	3.94	2.54	2.50	1.01	7.17	919	877	1407	8.32
QT07-3	林地	58.17	2.79	1.16	1.63	2.05	3.62	4.12	2.58	1.01	6.86	813	808	989	8.33
QT08-1	灌丛	57.24	8.73	7.56	1.17	1.85	3.54	2.81	3.20	0.76	5.70	831	1230	6505	7.32
QT08-2	灌丛	52.08	6.09	2.85	3.24	1.34	2.74	7.52	5.98	0.64	4.76	837	744	2285	7.98
QT08-3	灌丛	53.78	5.85	3.25	2.60	1.46	2.98	6.21	5.32	0.70	5.23	822	849	2577	7.88
QT09-1	草地	59.18	4.76	4.41	0.35	2.13	4.32	2.24	1.81	0.98	6.96	874	863	3817	8.01
QT09-2	草地	59.54	3.08	2.82	0.26	2.11	4.52	2.07	1.84	1.02	7.36	858	661	2103	8.18
QT09-3	草地	60.77	1.50	1.46	0.04	2.08	4.61	1.83	2.03	1.13	7.46	876	700	1059	8.39
QT10-1	草地	55.70	2.86	1.76	1.10	1.93	3.97	5.67	1.72	1.19	6.47	765	887	1811	8.45
QT10-2	草地	55.87	2.98	1.76	1.22	1.93	3.94	5.47	1.69	1.28	6.59	746	869	1881	8.51
QT10-3	草地	55.78	3.06	2.06	1.00	2.05	3.98	5.22	1.61	1.09	6.58	751	836	2215	8.12
QT11-1	灌丛	61.02	3.27	3.05	0.22	2.23	4.18	1.73	1.54	1.09	7.19	883	816	2870	8.11
QT11-2	灌丛	60.93	2.10	1.92	0.18	2.19	4.40	1.89	1.44	1.15	7.49	857	691	1672	8.37
QT11-3	灌丛	61.58	0.66	0.56	0.10	2.15	4.56	1.92	1.56	1.33	7.56	816	572	585	8.50
QT12-1	草地	60.33	5.13	4.68	0.45	2.35	3.94	2.03	1.60	1.03	6.67	854	1303	4277	7.96
QT12-2	草地	61.15	3.19	3.05	0.14	2.33	3.94	2.26	1.53	1.21	6.99	808	1025	2563	8.25
QT12-3	草地	59.46	2.68	2.22	0.46	2.29	3.90	3.17	2.00	1.14	6.92	816	1000	1504	8.37
QT13-1	草地	62.34	2.21	2.16	0.05	2.6	3.71	2.09	1.09	1.16	7.08	510	594	2103	8.17
QT14-1	草地	50.91	3.74	1.69	2.05	1.82	3.25	8.96	1.75	0.74	6.07	685	822	1755	8.44

续表

采样点编号	土地利用方式	二氧化硅 (SiO$_2$)	总碳 (TC)	有机碳 (Corg.)	无机碳 (TIC)	钾 (K)	铁 (Fe)	钙 (Ca)	镁 (Mg)	钠 (Na)	铝 (Al)	锰 (Mn)	磷 (P)	氮 (N)	pH 值
		%										10^{-6}			
QT14-2	草地	50.53	3.41	1.26	2.15	1.81	3.23	9.27	1.60	0.73	6.00	653	685	1323	8.42
QT14-3	草地	49.62	3.37	0.70	2.67	1.69	2.96	10.36	1.77	0.75	5.73	597	578	780	8.52
QT15-1	草地	55.86	3.31	2.06	1.25	1.89	2.95	6.54	1.44	0.91	6.00	646	731	1881	8.37
QT15-2	草地	52.38	2.88	0.80	2.08	1.78	2.92	8.66	1.50	0.87	5.88	582	590	864	8.70
QT15-3	草地	53.74	2.23	0.27	1.96	1.83	2.88	7.62	1.68	0.91	6.03	569	559	362	8.94
QT16-1	灌丛	58.09	2.04	1.03	1.01	2.60	3.04	5.07	0.99	0.73	6.44	757	594	1212	8.50
QT16-2	灌丛	55.51	2.11	0.86	1.25	2.47	3.04	6.08	1.09	0.72	6.58	653	547	975	8.56
QT16-3	灌丛	51.42	2.55	0.63	1.92	2.14	2.92	8.78	1.27	0.70	5.92	606	516	655	8.54
QT17-1	草地	47.15	4.24	1.09	3.15	1.57	2.70	13.06	1.85	0.80	5.24	743	557	1128	8.20
QT17-2	草地	48.30	3.76	0.76	3.00	1.62	2.43	12.27	2.00	0.81	5.27	650	479	864	8.62
QT17-3	草地	47.87	3.87	0.73	3.14	1.65	2.25	12.80	1.91	0.87	5.17	627	474	794	8.73
QT18-1	草地	55.48	2.37	1.89	0.48	2.03	4.89	4.89	4.02	2.88	1.09	6.94	1059	1049	8.49
QT18-2	草地	56.03	2.66	2.22	0.44	2.05	4.69	3.77	2.53	1.11	6.80	1043	1077	2396	8.58
QT18-3	草地	52.74	2.31	1.56	0.75	1.90	4.94	5.36	3.03	1.19	6.54	1057	1050	1518	8.00
QT19-1	灌丛	54.45	2.88	1.03	1.85	2.00	2.99	7.65	1.83	0.96	5.86	671	1624	1128	8.39
QT19-2	灌丛	55.18	2.34	0.76	1.58	2.03	3.03	7.07	1.75	0.96	5.98	675	1186	822	8.62
QT19-3	灌丛	55.96	2.21	0.63	1.58	1.95	2.93	6.93	1.65	1.03	5.88	655	1033	683	8.64
QT20-1	草地	52.43	3.43	1.66	1.77	1.91	3.24	7.93	1.48	0.81	5.99	638	709	1741	8.48
QT20-2	草地	49.36	3.51	0.96	2.55	1.78	3.08	10.18	1.59	0.83	5.57	572	585	1031	8.42
QT20-3	草地	49.93	2.92	0.46	2.46	1.77	2.97	9.85	1.88	0.94	5.55	563	502	529	8.43

注：QT 为地表土壤调查点（下同）；-1、-2、-3 分别代表 0～20 cm，20～50 cm，50～70 cm 深度的土壤样品。

1．常量元素

（1）Ca 元素

水磨沟流域 0～20 cm、20～50 cm、50～70 cm 3 个深度土壤中 Ca 含量分布见图 3.12。50～70 cm 深处 Ca 元量平均含量高于 0～20 cm 和 20～50 cm 深处的 Ca 含量。Ca 元素是碳酸盐岩的风化产物,离风化基岩越近 Ca 含量越高。

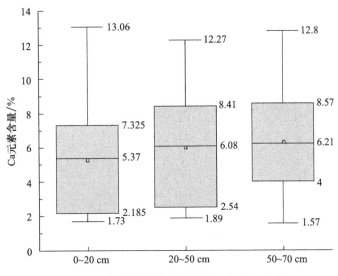

图 3.12　水磨沟流域土壤剖面 Ca 元素分布图

（2）Mg 元素

图 3.13 是水磨沟流域土壤剖面中 Mg 元素的分布图。根据箱型图和统计数据显示,水磨沟流域土壤剖面中 Mg 元素的空间分布也具有明显的差异性。水磨沟流域土壤剖面 Mg 元素含量统计数与前面 Ca 元素的一样,50～70 cm 深处含量均高于 0～20 cm 和 20～50 cm 深处的 Mg 元素含量。

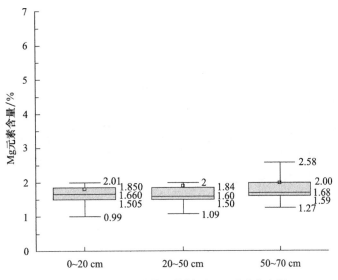

图 3.13　水磨沟流域土壤剖面 Mg 元素分布图

（3）Fe 元素

图 3.14 为水磨沟流域土壤中 Fe 元素分布图,Fe 元素分散程度相对比较集中,离群值少。Fe 含量平均值 0~20 cm 处高于 20~50 cm 和 50~70 cm 处,Fe 富集在土下 0~20 cm 深度。

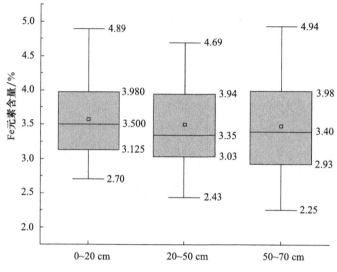

图 3.14　水磨沟流域土壤剖面 Fe 元素分布图

（4）Al 元素

水磨沟域土壤 Al 元素分布(图 3.15)与 Fe 元素一样。与 Fe 元素相比,土壤中 Al 元素含量分散性更高。统计结果显示,总体上 Al 元素含量表现为 20~50 cm 深处高于 0~20 cm 和 50~70 cm 深处的值。0~20 cm 深度,最小值、第一四分位数、中位数、第三四分位数和最大值分别为 5.24％、5.89％、6.22％、6.89％、7.22％。20~50 cm 深度,最小值、第一四分位数、中位数、第三四分位数和最大值分别为 4.76％、5.88％、6.58％、7.12％、7.49％。50~70 cm 深度,最小值、第一四分位数、中位数、第三四分位数和最大值分别为 5.17％、5.73％、6.30％、6.92％、7.56％。

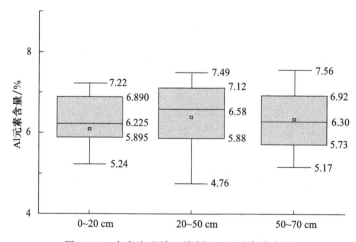

图 3.15　水磨沟流域土壤剖面 Al 元素分布图

（5）SiO_2

SiO_2是碳酸盐岩中的成分之一,其化学性质不溶于水,也很难溶于酸,在风化母岩及土壤中的含量在一定程度上影响岩溶碳汇量的估算。调查取样检测发现,水磨沟流域土壤中 SiO_2含量比较高,结果显示,0～20 cm、20～50 cm、50～70 cm 三个深度土壤中 SiO_2含量平均值分别为 56.57％、55.41％、54.33％,各深度 SiO_2含量均值差异不大。总体上,大部分土壤样品中 SiO_2的含量超过了 50％,因此,在计算土壤碳汇时要注意 SiO_2的影响。另外,SiO_2表现为表层富积,越往下含量越低,主要与 SiO_2在土壤中的迁移性差、惰性高等原因有关。0～20 cm 深度,最小值、第一四分位数、中位数、第三四分位数和最大值分别为 47.15％、54.36％、56.08％、59.64％、62.34％。20～50 cm 深度,最小值、第一四分位数、中位数、第三四分位数和最大值分别为 48.30％、52.38％、55.51％、59.54％、61.15％。50～70 cm 深度,最小值、第一四分位数、中位数、第三四分位数和最大值分别为 47.87％、52.60％、53.70％、58.70％、61.58％（图 3.16）。

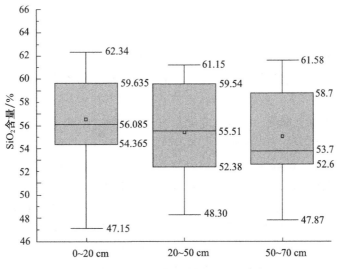

图 3.16　水磨沟流域土壤剖面 SiO_2分布图

2. 土壤营养元素

（1）N 元素

对水磨沟流域土壤氮素进行对比分析发现（图 3.17）,水磨沟流域土壤氮分散性比较高。0～20 cm、20～50 cm、50～70 cm 三个深度土壤中 N 含量平均值分别为 2867×10^{-6}、1447×10^{-6}、1151×10^{-6},总体上表现为土层 0～20 cm 氮素含量较高。从氮素的形成和来源分析,土壤中的氮主要来自于生物途径,也有部分因物理化学作用进入土壤,如氮化物与水一起产生亚硝酸态和硝态氮,随降雨进入土壤,而氮及铵离子也随着降雨进入土壤,因此,降雨和水分是影响土壤氮素含量的主要因素,会随水文供应的增加而增加。0～20 cm 深度,N 含量最小值、第一四分位数、中位数、第三四分位数和最大值分别为 961×10^{-6}、1170×10^{-6}、1783×10^{-6}、3127×10^{-6}、4277×10^{-6}。20～50 cm 深,N 含量最小值、第一四分位数、中位数、第三四分位数和最大值分别为 766×10^{-6}、919×10^{-6}、1407×10^{-6}、2103×10^{-6}、2702×10^{-6}。50～100 cm深,N 含量最小值、第一四分位数、中位数、第三四分位数和最大值分别为 293×10^{-6}、

655×10^{-6}、947×10^{-6}、1518×10^{-6}、2688×10^{-6}。

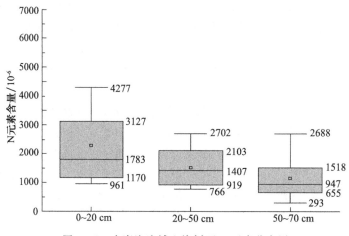

图 3.17　水磨沟流域土壤剖面 N 元素分布图

（2）P 元素

土壤中的 P 元素也是比较重要的元素，其在碳循环过程中的作用不容忽视，碳、氮、磷三种元素的化学计量比对土壤理化性状及养分供应极为关键。土壤中的磷按化学结构可分为有机磷和无机磷两种形态，在大多数土壤中，磷以无机磷形态为主，主要以正磷酸盐的形式存在。本次调查的水磨沟流域土壤磷元素含量差异不大，分散性较低，0～20 cm、20～50 cm、50～70 cm 三个深度土壤中 P 含量平均值分别为 897×10^{-6}、778×10^{-6}、693×10^{-6}，磷的平均值从上到下逐渐降低，表层（0～20 cm）磷含量最高（图 3.18）。究其原因，主要与磷的迁移率低、表层根系富积、表层土壤胶体对磷酸根的吸附作用较强、耕作及施肥等因素有关。0～20 cm 深度，P 元素含量最小值、第一四分位数、中位数、第三四分位数和最大值分别为 557×10^{-6}、732×10^{-6}、819×10^{-6}、1004×10^{-6}、1303×10^{-6}。20～50 cm 深度，P 元素含量最小值、第一四分位数、中位数、第三四分位数和最大值分别为 479×10^{-6}、622×10^{-6}、710×10^{-6}、877×10^{-6}、1186×10^{-6}。50～100 cm 深度，P 元素含量最小值、第一四分位数、中位数、第三四分位数和最大值分别为 474×10^{-6}、565×10^{-6}、684×10^{-6}、958×10^{-6}、1050×10^{-6}。

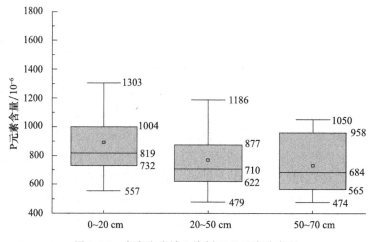

图 3.18　水磨沟流域土壤剖面 P 元素分布图

（3）K 元素

对土样检测结果的统计分析及做图（图 3.19）发现，0～20 cm、20～50 cm、50～100 cm三个深度土壤中 K 含量平均值分别为 2.12％、1.96％、1.95％。0～20 cm 深度，K 元素含量最小值、第一四分位数、中位数、第三四分位数和最大值分别为 1.57％、1.89％、1.98％、2.21％、2.60％。20～50 cm 深度，K 元素含量最小值、第一四分位数、中位数、第三四分位数和最大值分别为 1.34％、1.78％、2.03％、2.15％、2.47％。50～70 cm 深度，K 元素含量最小值、第一四分位数、中位数、第三四分位数和最大值分别为 1.46％、1.81％、1.95％、2.14％、2.29％。

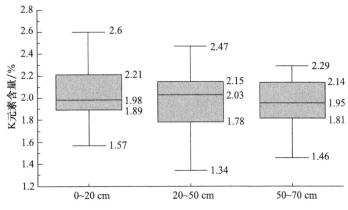

图 3.19　水磨沟流域土壤剖面 K 元素分布图

3. 酸碱度

酸碱度 pH 值体现土壤的性状和岩石溶蚀能力，进而影响碳循环进程。据调查取样检测结果，在水磨沟流域，0～20 cm、20～50 cm、50～70 cm 三个深度土壤中 pH 平均值分别为8.375、8.425、8.420。水磨沟流域土壤偏碱性，土壤 pH 值呈现随着土壤的加深先增加后减少的趋势。0～20 cm 深度，pH 值最小值、第一四分位数、中位数、第三四分位数和最大值分别为7.960、8.075、8.415、8.485、8.590。20～50 cm 深度，pH 值最小值、第一四分位数、中位数、第三四分位数和最大值分别为 7.98、8.25、8.50、8.58、8.97。50～70 cm 深度，pH 值最小值、第一四分位数、中位数、第三四分位数和最大值分别为 8.00、8.31、8.43、8.56、8.78（图 3.20）。

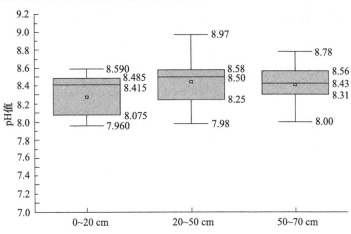

图 3.20　水磨沟流域土壤剖面 pH 值分布图

4. 有机碳、无机碳

（1）有机碳

水磨沟流域土壤有机碳的调查和测试结果见图 3.21，从表层到土下 70 cm 深，土壤有机碳含量随深度加深而急剧减少。究其原因，主要是土壤中的有机碳含量受微生物活动程度影响。从数据结果可以看出，0～20 cm 深度，有机碳含量最小值、第一四分位数、中位数、第三四分位数和最大值分别为 1.03%、1.24%、1.82%、3.33%、4.68%。20～50 cm 深度，有机碳含量最小值、第一四分位数、中位数、第三四分位数和最大值分别为 0.70%、0.86%、1.26%、2.22%、3.05%。50～70 cm 深度，有机碳含量最小值、第一四分位数、中位数、第三四分位数和最大值分别为 0.17%、0.65%、0.76%、1.72%、3.25%。

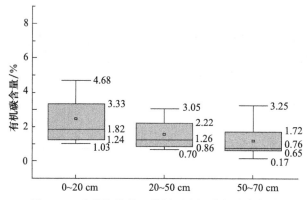

图 3.21 水磨沟流域土壤剖面有机碳含量分布图

（2）无机碳

根据对流域土壤无机碳的调查分析结果（图 3.22）可知，0～20 cm、20～50 cm、50～100 cm 三个深度土壤中无机碳平均值分别为 0.147%、1.482%、1.561%。从表层到土下 100 cm 深，土壤无机碳含量随深度加深先增加后减少。0～20 cm 深度，无机碳含量最小值、第一四分位数、中位数、第三四分位数和最大值分别为 0.05%、0.46%、1.13%、1.81%、3.15%。20～50 cm 深度，无机碳含量最小值、第一四分位数、中位数、第三四分位数和最大值分别为 0.14%、0.44%、1.25%、2.15%、3.24%。50～100 cm 深度，无机碳含量最小值、第一四分位数、中位数、第三四分位数和最大值分别为 0.04%、0.75%、1.63%、2.31%、3.14%。

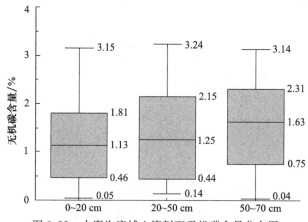

图 3.22 水磨沟流域土壤剖面无机碳含量分布图

3.3.4.2　地面 CO_2 浓度及变化特征

（1）地面 CO_2 浓度

调查区不同植被覆盖条件下地面空气中 CO_2 含量存在一定差异（表 3.7）。其中，草地空气 CO_2 含量最大，为 429 ppm；其次为灌丛地，为 388 ppm；林地为 387 ppm，但与灌丛地相差不大；耕地上空气 CO_2 含量为 381 ppm，为最小。从图 3.23 中可看出，耕地和林地上空气 CO_2 含量变化趋势在距地 0~100 cm 之间变化剧烈之后趋于平缓，其原因是地面上部空气中的 CO_2 主要来源于土壤呼吸和有机质的分解，土壤生物产生的 CO_2 从土壤扩散到大气，使土壤上部出现一个土壤-大气的混合层，因此表层土壤有机碳的含量大小直接影响地面上层空气的 CO_2 浓度，距离地表越近 CO_2 浓度相对越高，随着高度增加浓度相对减小，变化趋势也趋于平缓；灌草地和草地在距地 0~450 cm 之间变化剧烈，呈现出先增大后减小再增大的情况，变化曲线整体都在耕地和林地上面。其原因主要为灌丛地和草地植被覆盖度高，土壤根系发达，土壤中 CO_2 浓度相对较高，释放扩散到空气中的也较多，之所以变化剧烈，可能是由于草地和灌丛低矮，空气流通好，扰动大气强烈，导致 CO_2 浓度波动大。林地和耕地由于作物高，枝繁叶茂，空气流通性差，形成局部小环境，能使上层空气中保持的 CO_2 浓度变化相对平缓。

表 3.7　水磨沟流域地面/空气 CO_2 浓度　　　　　　　　单位：ppm

采样点编号	土地利用方式	0 cm	50 cm	100 cm	150 cm	200 cm	250 cm	300 cm	350 cm	400 cm	平均
QC01	草地	490	486	478	470	459	447	445	443	447	463
QC02	草地	404	429	425	418	406	404	399	395	394	408
QC04	草地	300	300	457	449	432	436	419	417	432	405
QC06	草地	483	491	391	303	300	318	316	314	309	358
QC10	草地	300	301	302	300	300	342	424	421	414	345
QC12	草地	463	465	443	434	425	420	413	400	395	429
QC13	草地	568	592	569	394	320	300	486	475	471	464
QC14	草地	328	357	330	393	484	456	446	472	455	413
QC18	草地	508	511	514	516	521	520	527	437	300	484
QC20	草地	490	500	513	516	536	533	540	527	528	520
	草地平均	433	443	442	419	418	418	442	430	415	429
QC15	耕地	448	396	405	414	302	439	442	430	431	412
QC19	耕地	320	375	432	503	389	363	310	300	440	381
	耕地平均	384	386	419	459	346	401	376	365	436	397
QC08	灌丛地	300	300	414	395	389	381	378	380	300	360
QC09	灌丛地	300	300	311	328	336	343	346	355	350	330
QC11	灌丛地	419	433	437	443	434	431	432	437	435	433
QC16	灌丛地	474	320	464	539	535	425	427	430	426	449
QC17	灌丛地	300	384	421	417	366	311	338	347	438	369
	灌丛地平均	359	347	409	424	412	378	384	390	390	388
QC03	林地	387	481	378	376	380	384	384	382	384	393
QC05	林地	413	421	406	402	406	395	394	395	394	403
QC07	林地	362	367	363	365	356	343	344	347	437	365
	林地平均	387	423	382	381	381	374	374	375	405	387
	总平均	403	410	423	419	404	400	411	405	409	409

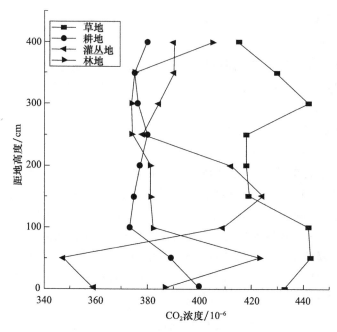

图 3.23　不同土地利用类型空气 CO_2 浓度随高程变化

（2）土下 CO_2 浓度及变化特征

调查区不同植被覆盖条件下土壤中 CO_2 含量存在一定差异（表 3.8），以土下 100 cm 中 CO_2 含量为例，耕地最大，土壤 CO_2 浓度平均为 15800 ppm；其次为灌丛地，为 13600 ppm；再次为林地，为 7400 ppm；最小为草地，为 6000 ppm。从图 3.24 中可以看出，耕地 CO_2 浓度整体最大，原因是在耕作过程中施肥和定时定量的浇灌，使土壤始终保持作物旺盛生长，从而加强根系呼吸强度；灌丛地植被覆盖度高，土壤根系密集，但无施肥和灌溉，生长没有农作物旺盛，所以整体没有耕地 CO_2 浓度大；林地植被相对稀疏，但根系发达，在 0～100 cm 都有分布；草地植被密集，但根系扎根相对较浅，在 60 cm 以后 CO_2 浓度急剧变小；而林地整体变化平缓减小，所以林地 CO_2 浓度大于草地 CO_2 浓度。

表 3.8　水磨沟流域土下 CO_2 浓度统计表　　　　　　　　单位：ppm

编号	土地利用方式	10 cm	20 cm	30 cm	40 cm	50 cm	60 cm	70 cm	80 cm	90 cm	100 cm
QC01	草地	5100	5100	5500	6600	5400	3000	/	/	/	/
QC02	草地	8400	5800	4800	7000	7900	9900	8200	11600	7000	4300
QC04	草地	3300	4200	4500	5000	4000	3500	11100	700	4800	0
QC06	草地	12400	14000	12000	13600	13500	13300	12800	13000	13200	8800
QC10	草地	13000	12000	10800	13800	12800	11000	10000	9400	8600	7800
QC12	草地	23200	23800	24200	25900	25600	16000	/	/	/	/
QC13	草地	12000	19200	16400	14400	16000	11600	15000	10200	/	/
QC14	草地	4500	3300	2600	6800	3600	4000	3600	2900	1900	/
QC18	草地	5400	6200	8500	8400	6800	7200	7700	7100	4800	/

续表

编号	土地利用方式	10 cm	20 cm	30 cm	40 cm	50 cm	60 cm	70 cm	80 cm	90 cm	100 cm
QC20	草地	2200	1900	2100	2200	1800	2200	1800	1900	1600	1500
	草地平均	9000	9000	9600	9100	10400	9700	8200	8800	7100	6000
QC15	耕地	10600	13300	9600	11900	9900	10200	9200	5800	/	/
QC19	耕地	16000	15600	17200	16200	17800	18000	18800	18400	15800	13100
	耕地平均	13300	13300	14500	13400	14100	13900	14100	14000	12100	15800
QC08	灌丛地	8800	9000	9200	11200	10800	13200	14800	14200	13600	8900
QC09	灌丛地	7400	8800	9200	8600	6000	6100	7400	6800	6200	3600
QC11	灌丛地	5100	4700	3800	5500	5000	5200	4300	2500	/	/
QC16	灌丛地	4000	2000	8000	10000	8000	7800	10000	8000	9800	5400
QC17	灌丛地	7800	8000	12000	11800	13400	11600	12100	8700	/	/
QC08	灌丛地	6600	6500	8400	9400	8600	8800	9700	8000	9900	6000
	灌丛地平均	8800	8800	9000	9200	11200	10800	13200	14800	14200	13600
QC03	林地	20000	19800	18400	12000	14300	/	/	/	/	/
QC05	林地	11200	10400	9600	13100	8900	10000	10000	9800	9800	9600
QC07	林地	5800	6600	8000	7200	5600	6800	5200	5000	4900	3100
	林地平均	12300	12300	12300	12000	10800	9600	8400	7600	7400	7400
	总平均	9300	9300	9700	9800	10600	9900	9000	9500	8000	7800

注：/表示无数据。

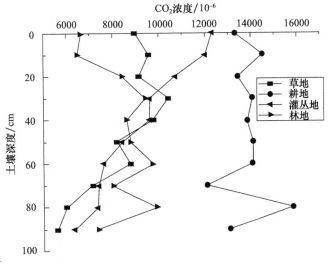

图 3.24　土下 CO_2 浓度随深度变化

3.4　碳循环碳形态转化与碳汇通量估算

3.4.1　碳形态转化

岩石的化学风化作用消耗大气 CO_2 的能力主要与地质、气候、水文和土壤、植被条件相关。岩石风化消耗的 CO_2 最终以溶解无机碳(主要是 HCO_3^- 离子)的形式由河流带入海洋。河流的 HCO_3^- 离子主要来自碳酸盐岩的溶解和碳酸盐岩、硅酸岩化学风化过程中消耗的大气/土壤 CO_2。已有研究表明,硅酸盐岩风化时,溶解的 HCO_3^- 离子全部来自大气/土壤 CO_2,而碳酸盐岩溶解时,水中的 HCO_3^- 有一半来源于大气/土壤 CO_2,一半为碳酸盐岩溶解产生(张勇 等,2022)。地层岩性和气候因素(降雨、气温)通过控制土壤、植被的分布、水动力条件而成为影响碳循环的重要因素。

水体中的溶解性无机碳(DIC)是地表碳循环的重要组成部分,其稳定碳同位素($\delta^{13}C_{DIC}$)的变化可以反映水体中碳来源和循环过程。另外,河流悬浮物中颗粒态有机碳(POC)的丰富程度以及 $\delta^{13}C$ 值的研究都显示,河流中碳的物质组成来源于流域内的植被,其 $\delta^{13}C$ 值的大小也强烈地依赖于生物群落的 C3 植物($\delta^{13}C$ 值约为 $-28‰$)和 C4 植物($\delta^{13}C$ 值约为 $-12‰$)的组成以及流域土壤循环过程,因此碳稳定同位素被广泛应用于流域土壤侵蚀和植被变化的示踪研究。

从表 3.9 可以看出,水磨沟流域地表水的 $\delta^{13}C_{POC}$ 值介于 $-26.84‰\sim-22.26‰$,平均值为 $-25.25‰$;地下水 $\delta^{13}C_{POC}$ 值介于 $-31.37‰\sim-22.28‰$,属于 C3 植物范围。这与流域内的主要植被类型以乔本树木和灌丛为主相符合。

表 3.9 水磨沟流域地表水 $\delta^{13}C_{POC}$ 值

编号	$\delta^{13}C_{DIC}/‰$	$\delta^{13}C_{POC}/‰$	$\delta D/‰$	$\delta^{18}O/‰$
QB01	-8.41	-26.33	-49.9	-7.72
QB02	-8.71	-26.84	-51.2	-8.10
QB03	-8.48	-26.56	-50.2	-8.05
QB04	-5.85	-24.31	-59.9	-8.30
QB05	-9.60	-26.59	-54.7	-8.36
QB06	-8.39	-24.91	-51.3	-8.09
QB07	-8.16	-26.61	-56.7	-8.47
QB08	-10.82	-25.60	-57.4	-8.02
QB09	-8.23	-22.51	-54.6	-8.54
QB10	-6.69	-22.26	-56.1	-8.58
QB 平均值	-8.33	-25.25	-54.2	-8.22
QX01	-13.47	-25.37	-51.1	-8.06
QX02	-8.94	-24.76	-60.0	-8.77
QX03	-8.10	-23.78	-60.2	-8.56
QX04	-13.01	-22.28	-53.0	-8.13
QX05	-13.42	-31.37	-51.4	-7.96
QX07	-12.20	-24.34	-65.1	-9.66
QX08	-12.90	-25.26	-53.9	-8.28
QX09	-12.80	-26.88	-53.2	-8.28
QX10	-11.86	-23.86	-52.6	-8.28
QX11	-12.16	-25.49	-47.6	-7.86
QX13	-12.75	-31.03	-55.2	-8.44
QX 平均值	-11.96	-25.86	-54.8	-8.39

注:$\delta^{13}C_{DIC}$ 表示水体中溶解无机碳(DIC)的碳稳定同位素;$\delta^{13}C_{POC}$ 表示水体中颗粒有机碳(POC)的碳稳定同位素;δD 表示氘的稳定同位素;$\delta^{18}O$ 表示氧同位素。

　　为了定量研究水磨沟流域(地表水、地下水)中离子来源,采用正演模型计算各个端元对其的贡献比例。正演模型是通过元素比值等手段,对河水中各个端元的贡献比例进行简化,从而定量分析各端元对河水溶解物质的贡献。根据上文分析,选取大气沉降、蒸发盐岩、硅酸盐岩和碳酸盐岩作为 4 个端元来源,将河水溶解物质$[X]$简化如下:

$$[X]_{riv} = [X]_{atm} + [X]_{hum} + [X]_{eva} + [X]_{car} + [X]_{sil}$$

式中,下标 riv 代表河流;atm 代表大气输入源;hum 代表人为输入源;eva 代表蒸发盐岩源;car 代表碳酸盐岩源;sil 代表硅酸盐岩源。

　　假设河水中的 F^- 全部来自于大气输入。结合前人研究(Galy et al. ,1999)以及本研究区的特点,选取 $F^-/Na^+ = 0.7 \pm 0.2$,$K^+/Na^+ = 0.5 \pm 0.2$,$Ca^{2+}/Na^+ = 0.02$,$Mg^{2+}/Na^+ = 0.11$,$Cl^-/Na^+ = 0.92 \pm 0.52$,$SO_4^{2-}/Na^+ = 3.03 \pm 2.04$,$NO_3^-/Na^+ = 0.5 \pm 4$,计算大气降水其他离子对河水溶解组分的贡献值。

　　运用方程所描述的模型计算溶解性物质$[X]$的来源时,需要以下述假设为前提:①NO_3^- 来源不考虑蒸发盐岩溶解的影响;②碳酸盐岩风化不产生 K^+ 和 Na^+,蒸发盐岩溶解不产生 K^+。基于以上假设,可将方程细化如下:

$$[NO_3^-]_{riv} = [NO_3^-]_{atm} + [NO_3^-]_{hum}$$

$$[K^+]_{riv} = [K^+]_{atm} + [K^+]_{hum} + [K^+]_{sil}$$

$$[Na^+]_{riv} = [Na^+]_{atm} + [Na^+]_{hum} + [Na^+]_{sil} + [Na^+]_{eva}$$

$$[Mg^{2+}]_{riv} = [Mg^{2+}]_{atm} + [Mg^{2+}]_{hum} + [Mg^{2+}]_{sil} + [Mg^{2+}]_{car} + [Mg^{2+}]_{eva}$$

$$[Ca^{2+}]_{riv} = [Ca^{2+}]_{atm} + [Ca^{2+}]_{hum} + [Ca^{2+}]_{sil} + [Ca^{2+}]_{car} + [Ca^{2+}]_{eva}$$

$$[Cl^-]_{riv} = [Cl^-]_{atm} + [Cl^-]_{hum} + [Cl^-]_{eva}$$

$$[SO_4^{2-}]_{riv} = [SO_4^{2-}]_{atm} + [SO_4^{2-}]_{hum} + [SO_4^{2-}]_{eva}$$

　　在蒸发岩中:

$$[Na^+]_{eva} = [Cl^-]_{eva}$$

　　根据人为输入中 $NO_3^-/Na^+ = 4$,$Cl^-/Na^+ = 5$,$K^+/Na^+ = 1.4$,$Ca^{2+}/Na^+ = 0.8$,$Mg^{2+}/Na^+ = 0.2$ 计算出人为输入对各个离子的贡献量。

　　另外,根据 Galy 等(1999)计算硅酸盐岩风化 $Ca^{2+}/Na^+ = 0.2$ 和 $Mg^{2+}/K^+ = 0.5$ 的关系,估算硅酸盐岩风化产生的 Ca^{2+} 和 Mg^{2+};根据蒸发盐岩中 $Ca^{2+}/Na^+ = 0.17$ 以及 $Mg^{2+}/Na^+ = 0.02$ 的关系计算蒸发盐岩风化的 Ca^{2+},剩余的 Ca^{2+} 和 Mg^{2+} 则认为来自于碳酸盐岩风化。

　　计算结果表明,水磨沟流域大气沉降、人为输入、蒸发盐岩、硅酸盐岩和碳酸盐岩化学风化贡献的溶解物质分别占总溶解物质的 6.37%、5.45%、7.16%、18.47%、62.55%(图 3.25)。

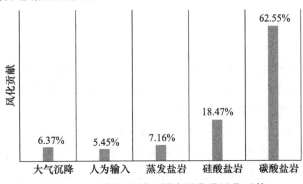

图 3.25　水磨沟流域不同来源化学风化贡献

3.4.2　碳汇通量估算

岩石矿物的化学风化速率是单位面积内岩石矿物风化产物在河流溶解质中的体现。由于碳酸盐岩和硅酸盐岩的化学风化是水磨沟流域河水水化学组成的主要来源,利用流域相关水化学数据及流量数据即可算得硅酸盐岩/碳酸盐岩化学风化速率及风化过程的 CO_2 消耗率(或通量),其计算公式如下:

$$硅酸盐风化速率 SWR = (Na_{sil} + K_{sil} + Ca_{sil} + Mg_{sil} + SiO_{2sil}) \times Q/A$$

$$碳酸盐风化速率 CWR = (Ca_{carb} + Mg_{carb} + 1/2HCO_{3carb}) \times Q/A$$

二者的 CO_2 消耗通量分别为

$$\Phi CO_2 = (Na_{sil} + K_{sil} + 2Ca_{sil} + 2Mg_{sil}) \times Q/A$$

$$\Phi CO_2 = 1/2(Ca_{carb} + Mg_{carb}) \times Q/A$$

碳酸盐岩和硅酸盐岩风化产生的阳离子由公式计算可得。因此,计算碳酸盐岩风化速率,首先应获取相应 HCO_{3carb}^- 值。计算碳酸风化碳酸盐岩的风化速率及 CO_2 消耗量时,还需对 HCO_{3carb}^- 中外源酸作用释放的 $HCO_{3carb}^{H_2SO_4 + HNO_3}$ 做相应处理。

流域岩石(矿物)的化学风化速率可以用公式进行估算:

$$CDR_{ly} = ([Na^+]_{sil} + [K^+]_{sil} + [Ca^{2+}]_{sil} + [Mg^{2+}]_{sil} + [SiO_2]_{Sil}$$
$$+ [Ca^{2+}]_{car} + [Mg^{2+}]_{car} + 0.5[HCO_3^-]_{car} + [Na^+]_{eva}$$
$$+ [Ca^{2+}]_{eva} + [Mg^{2+}]_{eva} + [Cl^-]_{eva} + [SO_4^{2-}]_{eva}) \times Q/A$$

式中,CDR_{ly} 表示流域岩石化学风化速率;$[X]$ 为流域采样点离子浓度平均值;$[X]_{car}$、$[X]_{sil}$、$[X]_{eva}$ 分别表示扣除大气沉降后的碳酸盐岩、硅酸盐岩以及蒸发盐岩对河流离子 $[X]$ 的贡献浓度;Q 代表河流多年平均径流量(m^3/a);A 为流域面积(km^2)。

前文提到,水磨沟流域多年平均径流量为 0.304 亿 m^3,流域面积为 271 km^2。扣除非岩石风化来源,根据公式估算流域岩石化学风化速率为 18.16 t/($km^2 \cdot a$),低于全球岩石的化学风化率平均值 36 t/($km^2 \cdot a$)。其中,硅酸盐岩化学风化速率为 2.64 t/($km^2 \cdot a$),碳酸盐岩化学风化速率为 21.96 t/($km^2 \cdot a$)。

根据碳酸盐和硅酸盐所占比例和溶蚀贡献,水磨沟流域总的 CO_2 消耗速率为 2.354 t/($km^2 \cdot a$)。其中,硅酸盐风化碳汇速率为 0.258 t/($km^2 \cdot a$),碳酸盐岩风化碳汇速率为 3.625 t/($km^2 \cdot a$)。由此计算得出水磨沟流域年吸收 CO_2 量为 638 tCO_2/a。其中,碳酸盐岩的吸收量为 442 t/($km^2 \cdot a$),占流域 CO_2 吸收总量的 69%;硅酸盐岩风化碳汇吸收量为 38.45 t/($km^2 \cdot a$),占 6%;其余为土壤碳酸盐和硅酸盐矿物风化贡献,CO_2 吸收量为 157.55 t/($km^2 \cdot a$),占 25%。

3.5　小结

水磨沟流域位于黄土高原与青藏高原交错地带,具有两大高原的特点。气候上属于黄河上游典型的半干旱大陆性季风气候区。水磨沟流域降水量少且集中,蒸发量大。流域内土壤肥沃,土壤资源丰富,土类土种繁多,是主要的农业生产区。流域的水文地质单元包含碳酸盐岩裂隙水、侵入岩裂隙水、黄土透水不含水地层、碎屑岩裂隙水及黄土底砾石含水等水文地质单元,流域补给主要为大气降水。流域地下水水化学类型为 HCO_3-Ca 型,地表水水化学特征表现为 HCO_3-Ca-Mg 型。地表水和地下水离子主要来源于硅酸盐岩风化和碳酸盐岩风化。

区域内的外源酸（硫酸和硝酸）对流域水体的 HCO_3^- 贡献率为 27%。由于外源酸形成的 HCO_3^- 并非来自大气或土壤 CO_2，因此在计算碳汇过程时应当予以扣除。

　　水磨沟流域的土壤理化性质和 CO_2 浓度是影响流域碳汇能力的重要因素。研究表明，水磨沟土壤整体呈现中性偏碱的特征。土壤中的 Ca、Mg、Si 元素含量呈现随着深度增加而增加的趋势，其余 Fe、Al 等元素含量随着深度增加而减少，表现出表层积累的特征。N、P、有机碳等表现出明显的表层高、底层低的特点，而无机碳则表现出表层低、底层高的特点。不同土地利用方式的地表和地下 CO_2 浓度表现出明显的分异特征。耕地和林地空气 CO_2 含量变化趋势在距地 0～100 cm 之间变化剧烈之后趋于平缓，灌草地和草地在距地 0～450 cm 之间变化剧烈，呈现出先增大后减小再增大的情况。土壤 CO_2 浓度耕地最大，土壤 CO_2 浓度平均为 13100 ppm；其次为灌丛地，为 8900 ppm；再次为林地为 6400 ppm；最小为草地 5600 ppm。

　　离子定量分析结果显示，水磨沟流域大气沉降、人为输入、蒸发盐岩、硅酸盐岩和碳酸盐岩化学风化贡献的溶解物质分别占总溶解物质的 6.37%、5.45%、7.16%、18.47%、62.55%。流域碳汇通量和碳汇速率的计算结果表明，水磨沟流域总的 CO_2 消耗速率为 2.354 t/(km² · a)。其中，硅酸盐风化碳汇速率为 0.258 t/(km² · a)，碳酸盐岩风化碳汇速率为 3.625 t/(km² · a)。水磨沟流域年吸收 CO_2 量为 638 tCO_2/a。其中，碳酸盐岩的吸收量为 442 t/(km² · a)，占流域 CO_2 吸收总量的 69%；硅酸盐岩风化碳汇吸收量为 38.45 t/(km² · a)，占 6%；其余为土壤碳酸盐和硅酸盐矿物风化贡献，CO_2 吸收量为 157.55 t/(km² · a)，占 25%。

第4章 山西南川河流域岩溶碳循环及碳汇效应

4.1 研究区概况

4.1.1 位置及交通条件

南川河(图 4.1)是黄河流域三川河水系的支流,发源于中阳县暖泉镇凤尾村界牌岭的马刨泉,横穿中阳县城,由南向北在离石区交口镇汇入三川河。南川河流域位于东经 $111°07'\sim111°21'$,北纬 $37°03'\sim37°19'$ 之间,山西省吕梁市南部,吕梁山山脉西麓。其上游分为小南川和东川河两支。小南川是南川河的主流,发源于中阳县和交口县交界处的凤凰山。南川河在离石区汇入三川河,然后向西经柳林县注入黄河。流域边界东与汾阳、孝义两市交界,西与柳林、石楼两县接壤,南与交口县相连,北与离石区毗邻。南川河流域全长 56 km,有较大支沟 26 条,流域平均宽度 13.9 km。南川河下游为陈家湾水库,坝址以上河长 30.2 km,河道纵坡 15.4%,控制流域面积 309 km²,有较大支沟 8 条,坝址附近河道纵坡 12.2%(武肖莉,2014)。

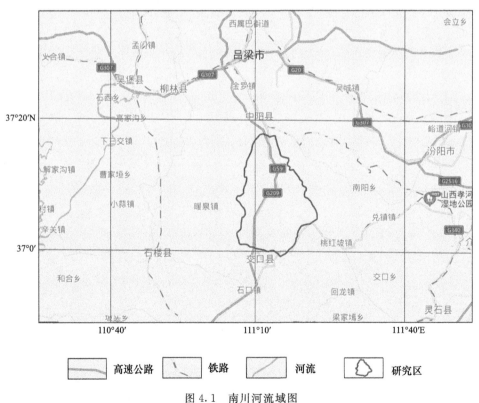

图 4.1 南川河流域图

4.1.2　气象水文条件

南川河流域气候属于暖温带亚干旱区,是典型的大陆性气候,冬春两季多西北风,春季雨少风多,平均气温 8 ℃。多年平均降水量 518.6 mm,夏季雨量大多集中在 7—9 月,且多以暴雨形式出现,年平均蒸发量为 1381 mm。全年日照时数 2708.4 h,无霜期平均为 143 d。

研究区及附近 4 个气象站(离石、柳林、中阳、方山)1965—2014 年的降雨量资料见表 4.1。区内年降雨量集中在 7—9 月,约占全年的 66.4%,最大降雨量 777.9 mm(中阳,2011 年),最小降雨量 115.4 mm(离石,1996 年),多年平均降雨量 483.7 mm。区内降雨量分布规律大致由东部向西部随地面高程降低而递减。

表 4.1　1965—2014 年研究区主要气象站降雨量　　　　单位:mm

年份	离石	柳林	中阳	方山	平均降雨量
1965	249.9	—	—	—	249.9
1966	647.8	—	—	—	647.8
1967	573.7	—	—	—	573.7
1968	401.0	—	—	—	401.0
1969	278.9	—	—	—	278.9
1970	391.8	—	—	—	391.8
1971	354.0	—	441.1	—	397.6
1972	325.9	—	434.7	—	380.3
1973	626.7	—	626.6	—	626.7
1974	365.8	—	358.8	—	362.3
1975	523.0	542.4	543.6	496.6	526.4
1976	505.8	553.0	503.0	524.8	521.7
1977	567.3	561.1	635.0	543.0	576.6
1978	681.0	632.0	669.1	579.5	640.4
1979	372.0	406.2	459.9	484.1	430.6
1980	455.9	578.8	486.1	473.2	498.5
1981	426.4	417.8	474.0	300.4	404.7
1982	431.6	373.5	433.5	466.9	426.4
1983	489.9	428.3	515.7	496.7	482.7
1984	423.1	471.5	427.6	515.2	459.4
1985	744.8	576.8	619.3	632.1	643.3
1986	327.3	374.4	417.6	378.6	374.5
1987	509.1	497.8	565.1	474.2	511.6
1988	590.8	577.7	684.9	691.5	636.2
1989	444.4	436.4	390.5	527.1	449.6
1990	600.1	479.2	684.9	634.5	599.7
1991	392.7	494.6	440.8	527.4	463.9

年份	离石	柳林	中阳	方山	平均降雨量
1992	431.4	458.9	509.0	511.8	477.8
1993	420.5	453.2	475.7	463.3	453.2
1994	513.1	562.4	528.9	443.1	511.9
1995	382.0	395.0	507.8	478.6	440.9
1996	115.4	473.8	504.7	533.6	406.9
1997	313.7	338.5	375.6	358.3	346.5
1998	353.5	320.2	393.7	425.9	373.3
1999	245.5	242.1	351.0	282.1	280.2
2000	483.6	492.5	451.5	568.6	498.9
2001	434.3	412.6	413.5	482.0	435.6
2002	459.1	420.0	514.9	498.3	473.1
2003	644.0	680.6	620.2	653.2	649.5
2004	437.5	397.1	415.9	508.1	439.7
2005	322.8	348.7	417.6	339.4	357.1
2006	487.9	417.6	454.3	489.7	462.4
2007	555.1	539.0	619.1	694.5	601.9
2008	393.9	454.7	414.7	472.6	434.0
2009	681.1	649.6	618.4	701.9	662.8
2010	480.0	410.2	446.3	576.4	478.2
2011	578.0	546.2	777.9	644.9	636.8
2012	513.0	639.5	580.0	639.9	593.1
2013	648.8	604.6	643.6	724.3	655.3
2014	529.9	524.4	601.6	579.0	558.7
平均降雨量	462.5	479.6	510.2	520.4	483.7

注:—表示无数据。

南川河(万年饱水文站)1956—2014 年(共 59 年)河流径流量平均值为 0.43 m³/s。从 1956—2014 年河川径流量大体可分为四个阶段:1956—1980 年为第一阶段,径流量大;1981—1996 年阶段,径流量略小于平均值;1997—2009 年阶段,径流量小;2010—2014 年阶段,径流量回升,与 1981—1996 年阶段相当,接近于 59 年总平均水平。

4.1.3 地形地貌特征

南川河地处晋西黄土丘陵区土石山区,地势由东南向西北倾斜,海拔高度最高 1187.56 m,最低 846 m。整个流域呈不规则菱形,地貌东南部为土石森林区,西部为黄土丘陵区,沿川为河谷区。南川河流域山地多,平原少,沟壑纵横,山岭重叠,地形起伏变化大。再加上纬度和海陆位置的关系,该地区的气候错综复杂,在地形位置上属于吕梁山西部余脉,植被覆盖较好,岩溶泉较多。该小流域主要出露奥陶纪和寒武纪碳酸盐岩地层,占流域面积的 72.3%,便于进行不同自然植被对碳酸盐岩溶解过程的影响研究。南川河下游万年饱水文站下垫面产流地类共有 4 种,分别是变质岩灌丛山地、变质岩森林山地、灰岩灌丛山地、灰岩森林山地。森林石山区地貌占控制流域面积的 80%（武肖莉,2014）。

4.1.4　土壤与植被特征

南川河流域土壤类型多种多样。总体上,南川河流域大部分被灰褐土覆盖,河川区多为河流淤积物和现代沉积物等。从土壤的地带性特征看,南川河流域的土壤由于受气候和覆被条件的影响,分布的地带性土壤以灰褐土和黄棉土为主,地处季风向荒漠干旱的过渡地带,降水变率大,经常发生干旱,黏化明显,土层中的碳酸钙很不稳定,有迅速下移的趋势。碳酸盐呈明显的假菌丝状,腐殖质含量也不高,但腐殖质垂直延伸很厚,可达 80 至 150 cm 或更深。如果母岩的风化产物很黏重或是气候特别干旱,灰褐土就发育较差;如果是砂性的母质,黏化程度就表现很明显,黏化程度高,灰褐土发育就较完全。除了上述的地带性土壤,还有一些隐域性的土壤零星分布,常见者有冲积性的幼年土,主要分布于河流沿岸河漫滩和泛滥地带。

根据野外实地样方调查数据以及收集到的近年来植被文献数据整理,结合文献与植被样方调查资料,植被类型的划分遵循《中国植被》和《山西植被》的分类原则和分类系统,初步将研究区植被类型大致划分为 5 个植被型 15 个群系(不含水生植被与农业植被)。

自然植被分为:Ⅰ. 针叶林,包括寒温性针叶林(华北落叶松林)、温性针叶林(油松林、侧柏林、白皮松林);Ⅱ. 针阔叶混交林,包括温性针阔叶混交林(油松、辽东栎林、白桦林);Ⅲ. 落叶阔叶林,包括辽乐栎林,白桦林、山杨林、蒙椴-辽东栎林;Ⅳ. 落叶阔叶灌丛,包括温性落叶阔叶灌丛、黄刺玫灌丛、虎榛子灌丛、山桃灌丛;Ⅴ. 草丛,包括蒿类草丛、禾草类草丛。

栽培植被包括落叶林、落叶粮果林、枣林、核桃林、大田作物、玉米、小米(梁)、土豆等。

南川河流域以自然植被为主,占流域总面积的 93.07%;耕地占比很小,仅占流域总面积的 4.35%,植被在空间分布上存在较明显的差异。南川河流域的山区基本分布的是森林。其中,辽东栎林分布面积最大,也最普遍。白桦林、山杨林是天然次生林的主要类型,在流域的东南部、西南部山区较常见。油松林主要分布在流域的西南部,以车鸣峪乡后沟的山区为主。侧柏林主要分布在山区林地和灌丛地的过渡地带。白皮松林主要分布在靠近水库库区的山坡,以人工造林地为主,灌丛多分布在流域中部低山、沟谷与农地相间的区域。草丛大多分布在河沟滩地,一般呈条带状分布,在流域东部闹泥村一带分布面积较大;此外,流域东南部贾山底村一带、西南部郭庭尾沟也有一定面积的草丛,被作为放牧场所。耕地主要分布在河沟中冲积形成的平地区域,以关上村至大营一带最集中连片。

4.1.5　社会经济发展及与碳循环相关的人类活动概况

南川河所在的中阳县地处山西中西部离柳煤电能源区,有煤、铁、铝等丰富的矿产资源,尤其是煤炭资源量大质优,是重要的工业能源基地。区内成矿地质条件好,矿产资源丰富,种类较多。主要矿产资源有煤、铁、铝土、耐火黏土、石灰岩、白云岩、石棉、硅石和含钾岩石等,已探明一定储量,其他如硫铁、石膏、大理石、蛭石等非金属矿产,虽无探明储量,但多年来一直被群众采集利用。另外,煤层气、膨润土、紫砂陶土、石墨、花岗石等有一定的成矿远景。中阳县有煤矿近 40 座,年均产量 191 万 t。南川河所在的中阳县共有 50 万 t 以上洗煤企业 10 家,年设计生产能力 705 万 t;焦化企业 4 家,年设计生产能力 150 万 t。工业生产,特别是煤化工企业是当地 CO_2 排放的主要来源。

水资源短缺是制约该地区经济社会发展的关键因素,呈现以下特点:一是非常贫乏。按地区人口计算,人均占有量约 433 m³,为全国人均水平的 20%,比山西全省平均水平还少 30 m³。按地区耕地计算,亩均占有量约 165 m³,为全国亩均占有量的 11.5%,比山西全省平均水平少 40 m³。二是分布极不均匀。首先干旱年和丰水年相差悬殊。其次年内分配不平衡,占有水资源总量 77% 的河川径流,近三分之二的量集中在汛期,且以暴涨暴落的洪水出现。再次是区域分配不均,平川区每平方千米 9 万 m³,而山丘区每平方千米只有 6.5 万 m³,仅为平川区的 72%。三是日趋衰减。根据《山西省水资源公报》等公布的资料显示,整个流域水资源总量呈逐年减少的趋势。

为治理三川河流域的水土流失、石漠化和生态环境的退化,当地政府以及各个部门从 20 世纪 90 年代就已经开始实施生态修复和重建的相关工作,经过这些年的工作,取得较为明显的成效。这些措施对制止水土流失、减少入黄泥沙、提高粮食产量、增加群众收入和改善生态环境都起到了积极的作用。

4.2 研究区流域边界的确定及子流域划分

4.2.1 流域边界

南川河是柳林泉域的主要补给区,属典型的北方岩溶分布区,主要接受碳酸盐岩裸露区降水入渗补给和河流补给。受地形和含水层产状控制,岩溶水由南向北部的三川河河谷汇集。南川河地处吕梁山复式背斜西翼,属吕梁山向鄂尔多斯盆地过渡的斜坡地带。太古界和元古界为变质岩及石英状砂岩,伴有火成岩侵入体,组成区域岩溶地下水隔水底板。中、上寒武统以及奥陶系为碳酸盐岩,中奥陶统包括上、下马家沟组和峰峰组,主要由灰岩、白云岩及豹皮状灰岩组成。各组底部为含石膏的泥质白云岩,总厚度 400~670 m,构成岩溶地下水的主要循环、储存层位。

4.2.2 含水介质特征

调查区含水岩组按其岩性可分为变质岩、岩浆岩裂隙含水岩组,碎屑岩裂隙含水岩组,碳酸盐岩岩溶裂隙含水岩组和松散层孔隙含水岩组。其中,碳酸盐岩岩溶裂隙含水岩组为柳林泉域的主要赋水岩组。

变质岩、岩浆岩裂隙含水岩组由太古界、元古界变质程度较深的混合花岗岩、片麻岩、石英状砂岩组成。由于长期风化侵蚀和剥蚀作用,形成地表以下 15~20 m(最大 75 m)的古风化壳裂隙潜水。该岩组分布普遍,但含水性较弱,泉水流量多在 0.3~0.5 L/s,单位涌水量为 0.0025~0.0057 L/(s·m)。断层带构造裂隙发育区往往形成脉状裂隙水,且具有承压性,富水性增强,钻孔单位涌水量达到 0.36~0.558 L/(s·m)。一般裂隙随深度增加而减少,富水性也随之变弱,至该组深部构成相对隔水岩体,为控制区内地下水赋存和运动的重要因素。

碎屑岩裂隙含水岩组包括石炭系砂页岩夹薄层石灰岩及二叠系、三叠系砂页岩,主要分布于离石-中阳向斜盆地。由于夹有多层页岩或泥岩及煤层隔水层,形成复杂的层间裂隙水或层间岩溶裂隙水。

松散层孔隙含水岩组覆盖于各类基岩之上,总厚 120 余米,主要为亚黏土、亚砂土(黄土)及砂砾石等,主要包括上新统第三叠系含水层和第四系含水层。上新统第三叠系含水层分布于中阳南川河两侧沟谷。含水层由粗砂、卵石、底砾岩组成,上部黏土较厚时,砾岩含水具承压性,厚 5～15 m,最厚 20 m。其富水性取决于砾岩本身及补给条件外,还与下伏基岩岩性关系密切。第四系含水层主要为冲洪积砂、砂砾石层,分布于南川河河谷中,组成现代河漫滩及一、二级阶地,含水层厚 20～30 m,局部达 60 m,水位埋深 1.5～12 m,单井出水量 100～2000 m³/d,最大可达 7000 m³/d,其蓄水性往往随河床基底岩性不同而变化。其中以碳酸盐岩类为基底的蓄水性最弱,为透水不含水岩层。

碳酸盐岩岩溶裂隙含水岩组主要由寒武系以及奥陶系石灰岩和白云岩等组成,总厚度620～1000 m。由于寒武、奥陶系岩溶发育程度变化较大,含水性不一,特别是间夹较多的泥灰岩、泥岩、页岩,一般构成相对隔水层,具有典型的多层含水特点,组成复杂的岩溶裂隙含水岩组,根据组成地层的岩性,寒武系又可分为寒武系中统、上统含水层,奥陶系又可分为下奥陶统含水岩组和中奥陶统含水层。流域水文地质情况见图 4.2。

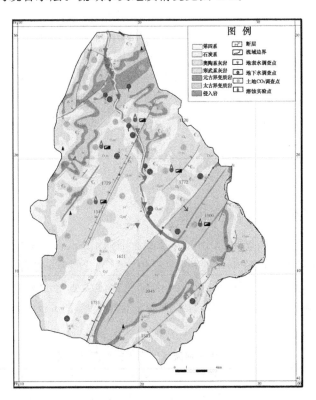

图 4.2　山西南川河流域水文地质简图(见彩插)

4.2.3　补给、径流、排泄情况

调查区为一个独立水资源系统,地下水的补给来源主要是大气降水,但是对于不同类型地下水,其补给、径流、排泄情况很不一致,各有其特点。

(1)补给

流域内主要有降水入渗补给(包括覆盖区间接入渗)和地表水在河流裸露地段的渗漏补给。离石向斜盆地北部和东南部、流域南部及西北部的灰岩裸露区是主要的降雨入渗补给区。流域内碳酸盐岩裸露,降水以及上游变质岩、碎屑岩区形成的地表径流进入碳酸盐岩裸露河段后渗漏补给岩溶地下水。

（2）径流

地下水接受降水入渗补给后,受区域地形地貌、最低排泄基准面及岩溶发育程度的影响,总体由南向北渗流。岩溶水渗流过程中受到构造阻挡,古老变质岩系阻水层抬升,形成了北东向展布的局部阻水边界,使地下水位上涌,因此在断层东盘溢流形成枝柯泉、车鸣峪泉等小型岩溶泉。

（3）排泄

流域内排泄主要形式包括泉水排泄和人工开采地下水。

①泉水排泄。寒武-奥陶系碳酸岩含水岩层组受构造控制,且与石炭-叠系砂页岩阻水,为泉的形成提供了有利条件。受北东向断裂构造的控制,形成了空间上相对独立的枝柯泉、车鸣峪泉、关口泉等小型排泄点。

②人工开采地下水。流域内水资源相对缺乏。碳酸盐岩覆盖区和埋藏区因降水量的减少使无效降水增多;采矿使可取水源日益减少,地表径流大部分以洪水排走。在变质岩区,古老的变质岩基本不含水,水井越凿越深。在流域上游凿井取用岩溶地下水的凿井成本低、扬程小、出水量大、水质好、水位变化小、水量水质稳定可靠,是城乡生活和工业生产项目的首选取水水源。取水方式为深井开采、提水。其中,上游为深井取水;下游和泉源区以深井取水为主,结合提水、引水工程。用水分为工业用水、农业用水和城市生活用水。统计显示,其中工业用水占总取水量的56.5%,城市生活用水占总取水量36%,农业用水占总取水量的7.5%。

4.3　碳循环特征及影响因素分析

4.3.1　岩溶碳循环的水化学因素

在对南川河主要干流和支流数据分析的基础上,运用Piper三线图研究流域内的基岩对流域水质主要离子化学性质的影响,并探讨主要的化学风化过程,岩石风化贡献。将2016年所监测的南川河11个地下水点和12个地表水点的化学数据经过数据整理分析后,得出表4.2。根据地表水和地下水的化学数据,分别绘制水化学类型Piper三线图,如图4.3所示(图中符号代表地表水和地下水的监测点)。

表4.2　南川河流域地下水主要离子含量　　　　　单位:mmol/L

样品编号	pH值	K^+	Ca^{2+}	Na^+	Mg^{2+}	Cl^-	$S_2O_4^-$	NO_3^-	HCO_3^-	SiO_2	TZ^+	TZ^-	NICB
LX01	8.01	0.09	5.57	0.67	1.58	0.49	1.36	0.52	5.07	14.83	7.901	7.447	0.03
LX02	7.77	0.06	4.15	0.34	1.75	0.22	0.95	0.12	4.9	9.09	6.313	6.184	0.01
LX03	7.63	0.08	6.09	0.51	2.27	0.38	2.9	0.14	5.36	11.41	8.951	8.778	0.01
LX04	7.52	0.05	4.08	0.47	1.5	0.29	0.93	0.14	4.56	10.36	6.102	5.917	0.015
LX05	7.55	0.05	4.14	0.39	1.01	0.21	0.78	0.06	4.38	13.43	5.588	5.433	0.014
LX06	7.47	0.05	3.71	0.31	1.23	0.19	0.58	0.16	4.33	9.4	5.309	5.248	0.006
LX07	7.38	0.05	4.11	0.37	1.36	0.22	0.79	0.03	4.73	11.05	5.883	5.766	0.01
LX08	7.71	0.04	4.59	0.58	1.37	0.39	0.7	0.36	4.96	14	6.581	6.414	0.013
LX平均	7.63	0.06	4.56	0.46	1.51	0.3	1.12	0.19	4.79	11.7	6.579	6.398	0.013
LB01	7.54	0.059	4.006	0.391	1.5	0.229	1.14	0.106	4.382	11.05	5.956	5.857	0.0084

续表

样品编号	pH 值	K$^+$	Ca^{2+}	Na$^+$	Mg^{2+}	Cl$^-$	S$_2$O$_4^-$	NO$_3^-$	HCO$_3^-$	SiO$_2$	TZ$^+$	TZ$^-$	NICB
LB02	7.89	0.06	5.12	0.32	1.15	0.205	1.613	0.205	4.44	11.44	6.65	6.463	0.0143
LB03	7.81	0.061	4.037	0.325	1.902	0.212	1.533	0.021	4.354	9.86	6.325	6.12	0.0165
LB04	7.35	0.059	4.112	0.392	1.579	0.243	1.352	0.132	4.267	11.05	6.142	5.994	0.0122
LB05	7.6	0.054	4.454	0.365	1.306	0.22	1.204	0.167	4.382	11.31	6.179	5.973	0.017
LB06	7.35	0.061	4.722	0.361	1.166	0.221	1.517	0.218	4.267	12.34	6.31	6.223	0.0069
LB07	7.48	0.061	4.387	0.38	1.146	0.223	1.358	0.213	4.065	12.92	5.974	5.859	0.0097
LB08	7.5	0.075	2.925	0.307	1.1	0.19	1.148	0.017	2.883	7.64	4.407	4.238	0.0195
LB09	7.48	0.089	2.956	0.313	1.109	0.202	1.148	0.1	2.825	7.95	4.467	4.275	0.022
LB10	7.6	0.076	2.839	0.31	1.1	0.189	1.153	0.085	2.883	7.79	4.325	4.31	0.0017
LB11	7.48	0.051	3.885	0.383	1.394	0.221	1.015	0.137	4.094	11.21	5.713	5.467	0.022
LB12	7.93	0.047	3.841	0.244	2.715	0.2	1.99	0.04	4.44	8.13	6.847	6.67	0.0131
LB平均	7.58	0.06	3.94	0.34	1.43	0.21	1.35	0.12	3.94	10.22	5.77	5.62	0.01

注:LX 为地下水样品,LB 为地表水样品。TZ$^+$、TZ$^-$、NICB 计算参照 3.3 节。

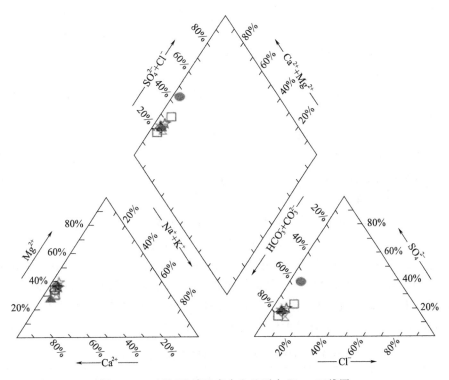

图 4.3　三川河流域地表水和地下水 Piper 三线图

从图 4.3 可以看出,南川河流域地表水和地下水的水化学类型基本相同,均为 Ca-HCO$_3$ 型,这与该流域主要分布碳酸盐岩面积有关。据统计分析,南川河流域分布碳酸盐岩面积占流域面积的 60% 以上,是典型的岩溶流域。特别是采集的岩溶地下水,大多是岩溶泉和井水的形式,均分布在寒武-奥陶系灰岩地层中,上游和下游有少量的太古界及元古界变质岩。

11 个地下水点平均 pH 值为 7.63,电导率为 593 μS/cm,HCO$_3^-$ 含量为 4.78 mmol/L,Ca^{2+} 含量为 4.55 mmol/L。径流区与排泄区各项指标比较接近,但从补给区到径流、排泄区到滞流区,电导率有明显的增高趋势,分别为 593、784 $\mu S/cm$;水化学特征从补给区到深埋区的变化主要受区域单斜构造的控制,从补给区到深埋区,水径流条件趋于缓慢,水-岩作用不断加强,经历了方解石、白云石、石膏 3 种矿物溶解、析出过程,使水的电导率、矿化度不断增高。

4.3.2 岩溶碳循环的地质因素

采用标准溶蚀试片法对流域内碳酸盐岩的溶蚀速率进行监测。溶蚀试片法是袁道先等(1988)在 20 世纪 80 年代末引进国内,并在国际地球科学计划(IGCP)299 项目"地质、气候、水文与岩溶形成"(1990—1994 年)中得到广泛应用。溶蚀试片法的主要目的是对比不同地质、气候与水文条件下岩溶作用的强度及其差异。实验所采用的溶蚀试片为泥盆系上统融县组纯石灰岩制作的统一标准试片。岩石磨成直径 4 cm、厚 0.3 cm 标准溶蚀试片,利用天平(精度:万分之一)称重后,洗净,低温 70 ℃烘至恒重,干燥器中冷却,编号。

溶蚀试片埋放点选择在不同地层岩性及地貌部位,如山顶、山腰、山脚、洼地、垭口等,并考虑不同植被类型覆盖、不同土地利用方式,埋放点应尽量与岩土样采样点一致。按试坑剖面埋放试片,土层较薄时,剖面挖至风化层即可。试片在地上空气中(距地面 50 cm)、地表、土下 20 cm、土下 50 cm、土下 1000 cm 各埋放一组(深度不足 100 cm 时至剖面最底部),每组 3 片,用于分析不同土层深度岩石的溶蚀速率。埋放时,应挖与试片大小相符的小槽,把试片插进槽内。在放置溶蚀试片时,用手泵检测试片放置地土壤相应深度(10~1000 cm),每 10 cm 测量 CO_2 浓度。用环刀取 20 cm、30 cm 和 50 cm 深处原土柱,带回室内检测土壤含水量和容重,以便分析不同土地利用方式和植被条件下土壤的环境因子及其对碳酸盐岩溶蚀的影响作用。

溶蚀量计算公式为

$$ER = (W_1 - W_2) \times 1000 \times T \times 365^{-1} \times S^{-1}$$

式中,ER 为年单位面积溶蚀量(mg/(cm² · a));W_1 为试片放置前重量(g);W_2 为试片放置后重量(g);T 为埋放时间(d);S 为试片表面积(约 28.9 cm²)。计算溶蚀量时取 3 个试片溶蚀量平均值,以提高实验精度。

碳酸盐岩溶蚀过程中消耗大气/土壤 CO_2 量计算公式如下:

$$F = E \times S \times R \times M_{CO_2} / M_{CaCO_3}$$

式中,F 为 CO_2 的吸收量(g/a);E 为试片溶蚀量(g/(m² · a));S 为岩溶区面积(m²);R 为岩石的纯度(%),岩石的纯度(标准试片)以 97%进行计算;M_{CO_2}、M_{CaCO_3} 分别为 CO_2 和 $CaCO_2$ 的分子量。

2016 年 8 月,南川河流域溶蚀试验共进行 20 组,埋放试片 240 片,于 2018 年 8 月埋放两个水文年后回收。回收后称量计算的结果如表 4.3 所示。

表 4.3 2016—2018 年南川河流域溶蚀试片统计表

编号	高程/m	土地类型	平均溶蚀速率/(g/(m² · a))	碳汇通量/(tCO₂/a)	碳汇强度/(tCO₂/(km² · a))
LR01	1892	林地	16.0	1188	6.42
LR02	1967	林地	31.9	2368	12.80
LR03	1569	灌丛	25.7	1908	10.31
LR04	1323	草地	49.5	3675	19.86
LR05	1302	灌丛	4.2	312	1.69

注:LR 代表溶蚀实验点。

南川河流域碳酸盐岩溶蚀速率变化较大,最低 4.2 g/(m² · a),最高可达 49.5 g/(m² · a),平均为 25.46 g/(m² · a);对应产生的碳汇强度最低为 1.69 tCO₂/(km² · a),最高为 19.86 tCO₂/(km² · a),平均值为 10.216 tCO₂/(km² · a)。最高值一般处于草地和林地(如 LR04 和 LR02),并且是不纯灰岩区,土层较厚。而纯灰岩区土层覆盖厚度中等的灌丛地和林地溶蚀速率和碳汇强度都是中等(LR03 和 LR01);裸露型岩溶区即使灌丛覆盖度较高(LR05),其碳汇碳酸盐岩溶蚀速率和碳汇强度均较低,分别为 4.2 g/(m² · a)和 1.69 tCO₂/(km² · a)。

不同土地利用方式基本上呈现出随着深度的增加,碳酸盐岩的溶蚀速率逐渐降低的趋势(图 4.4)。特别是在空气中,溶蚀试片的溶蚀速率最大,在地下 50 cm 处溶蚀速率最低。不同土地利用方式的溶蚀速率基本呈现出林地＞灌丛＞草地的趋势。值得注意的是。在草地地下 20 cm 处,溶蚀速率为负值,说明该处出现的碳酸盐岩沉积,导致溶蚀试片经过一定时间后质量增加。其实,溶蚀试片增加在北方干旱半干旱地区是一种常见现象(黄奇波 等,2016)。干旱半干旱条件下,土壤中 CaCO₃ 含量淋失作用差,其含量明显高于我国南方地区。土壤中 CaCO₃ 在淋溶过程中容易造成土壤水 SIC 饱和,因此在下层一定深度容易形成沉积层。溶蚀试片表面光滑,水岩接触时间较长,容易造成土壤水中的 CaCO₃ 在试片表面沉积,形成一层保护膜,阻止了碳酸盐岩的进一步溶蚀。北方黄土区埋放的试片大多存在试片质量增加的现象,也是由此原因造成。北方干旱半干旱地区 CaCO₃ 在试片表面沉积造成溶蚀试片溶蚀速率减缓甚至质量增加的模型如图 4.5 所示。

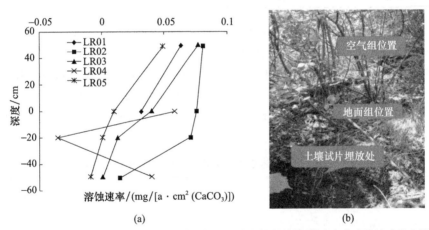

图 4.4　南川河流域不同土地利用方式下溶蚀速率随深度的变化情况(数据缺失点代表溶蚀试片在野外丢失)(a)
与试片放置情况(b)

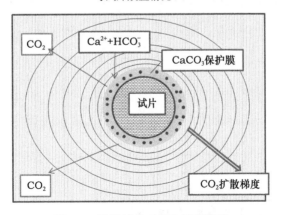

图 4.5　溶蚀试片 CaCO₃ 沉积模型

4.3.3 岩溶碳循环水文地质因素

表 4.4 为南川河流域地下水各取样点饱和指数和 PCO_2 分压情况。计算结果表明,碳酸盐岩的饱和程度大于硫酸盐,方解石的饱和指数(SIC)全部为正值,平均为 0.37,表明地下水均处于方解石饱和状态;白云岩的饱和指数(SID)部分为正值,部分为负值,平均为 0.54;石膏的饱和指数(SIG)全部为负值,平均为 -1.93,表明地下水均处于石膏不饱和状态。

表 4.4 南川河流域地下水各取样点 SIC、SID、SIG 和 PCO_2 值

序号	编号	SIC	SID	SIG	PCO_2
1	LX01	0.88	1.20	-1.64	7943
2	LX02	0.48	0.52	-1.87	4074
3	LX03	0.46	0.38	-1.29	5888
4	LX04	0.17	-0.20	-1.86	6607
5	LX05	0.17	-0.42	-1.91	5754
6	LX06	0.11	-0.31	-2.09	7244
7	LX07	0.10	-0.31	-1.93	9772
8	LX08	0.47	0.34	-1.95	4677
	平均值	0.37	0.54	-1.93	5634

表 4.5 为南川河地表水各取样点的饱和指数和 PCO_2 分压情况。结果表明,碳酸盐岩的饱和程度大于硫酸盐,方解石的饱和指数(SIC)除 LB07 为负值,其他取样点均为正值,平均值为 0.26,表明南川河流域地表水均处于方解石饱和状态;白云石的饱和指数(SID)部分为负值,平均为 0.37;石膏的饱和指数(SIG)全部为负值,平均为 -1.88,表明地表水均处于石膏不饱和状态。与雨水的 SIC、SID、SIG 相比,南川河两侧补给区地表水均具备一定程度的方解石和白云石的溶解。

表 4.5 南川河流域地表水各取样点 SIC、SID、SIG 和 PCO_2 值

序号	编号	SIC	SID	SIG	PCO_2
1	LB01	0.33	0.32	-1.81	6918
2	LB02	0.63	0.93	-1.66	2951
3	LB03	0.70	1.00	-1.57	3467
4	LB04	0.09	-0.22	-1.73	10000
5	LB05	0.37	0.18	-1.76	5888
6	LB06	0.23	-0.03	-1.64	10965
7	LB07	-0.01	-0.27	-1.92	7413
8	LB08	0.05	-0.20	-1.90	5370
9	LB09	0.02	-0.27	-1.89	5495
10	LB10	0.15	0.03	-1.91	4365
11	LB11	0.06	-0.09	-2.02	7586
12	LB12	0.66	1.25	-1.63	2754
13	LYS01	-2.16	-4.43	-4.37	219
14	LYS02	-2.97	-6.57	-3.53	6166

注:LYS01 和 LYS02 分别为研究区两次雨水采集的样品编号。

2016 年 8 月,对南川河 8 个主要地下水点取样进行碳同位素分析,包括溶解无机碳(δ^{13} C_{DIC}(V-PDB))和颗粒有机碳($\delta^{13}C_{POC}$(V-PDB)),取样点位置及分析结果见表 4.6 南川河地下水同位素特征主要有以下方面:8 个地下水点碳同位素 $\delta^{13}C_{DIC}$(V-PDB)。平均值为 $-10.34‰$,标准方差为 2.96‰;$\delta^{13}C_{POC}$(V-PDB)平均值为 $-24.62‰$,标准方差为 3.20‰。水中的溶解无机碳(DIC)来自大气 CO_2、生物成因(有机质降解)形成的 CO_2 在水中的溶解和碳酸盐矿物的溶解。经计算,南川河地下水样品的 CO_2 分压平均为 5634 ppm,均远高于大气 CO_2 分压;流域的土壤 CO_2 浓度为是大气的几十倍甚至几百倍,同时地下水还会受到土壤 CO_2 的影响。C_3 植物根呼吸生成的 CO_2 的 $\delta^{13}C$ 值与土壤有机质氧化分解生成的 $\delta^{13}C$ 值基本一致,大致在 $-25‰$,碳酸盐岩沉积时继承了水体中 DIC 的 $\delta^{13}C$ 值,因此,多数海相沉积碳酸盐岩都具有与海水相同的 $\delta^{13}C$ 值,为 $0±2‰$。河水中 HCO_3^- 来自于碳酸盐岩被碳酸和硫酸的溶解,用 $\delta^{13}C$ 值和碳酸盐岩溶解的化学计量关系,可以确定 $\delta^{13}C_{DIC}$ 端元。

表 4.6　南川河流域地下水同位素特征

序号	编号	地理位置	高程	$\delta^{13}C_{DIC}$(V-PDB)/‰	$\delta^{13}C_{POC}$(V-PDB)/‰
1	LX01	山西省吕梁市车鸣峪乡刘家坪村	1385	-11.98	-24.63
2	LX02	山西省吕梁市中阳县车鸣峪乡黑风口	1276	-11.68	-25.76
3	LX03	山西省吕梁市中阳县车鸣峪乡万年饱村	1257	-12.62	-26.99
4	LX04	山西省吕梁市中阳县车鸣峪乡关上村	1319	-11.15	-21.67
5	LX05	山西省吕梁市中阳县车鸣峪乡闹泥村	1524	-11.20	-27.53
6	LX06	山西省吕梁市中阳县车鸣峪乡关上村	1346	-11.06	-25.02
7	LX07	山西省吕梁市中阳县车鸣峪乡关口上村	1315	-11.98	-25.03
8	LX08	山西省吕梁市宁乡镇刘家坪村	1382	-11.84	-24.12
平均				-10.34	-24.62

图 4.6 中碳酸风化碳酸盐岩端元和硫酸风化端元的相应组成是根据溶解反应的化学计量确定的。碳酸盐岩的碳酸风化形成的水地球化学组成特征 SO_4^{2-}/HCO_3^-(摩尔比)比值为 0,$\delta^{13}C=-12.5‰$,碳酸盐岩的硫酸风化形成的水地球化学组成特征 SO_4^{2-}/HCO_3^-(摩尔比)比

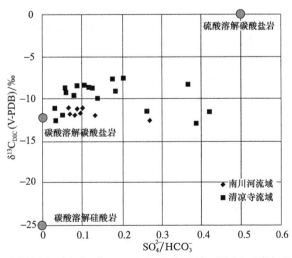

图 4.6　南川河地下水点 $\delta^{13}C_{DIC}$(V-PDB)与 SO_4^{2-}/HCO_3^-(摩尔比)关系图

值为 0.5, $\delta^{13}C=0‰$;硅酸岩的碳酸风化形成的水地球化学组成特征 SO_4^{2-}/HCO_3^-(摩尔比)比值为 0, $\delta^{13}C=-25‰$。

从图 4.6 可以看出,在南川河流域,岩溶地下水的 $\delta^{13}C_{DIC}$(V-PDB)平均值为 $-11.69‰$, SO_4^{2-}/HCO_3^- 比值为 0.114,表现为碳酸盐岩的碳酸风化形成的水地球化学组成特征。2016 年 8 月,对南川河流域 11 个主要地表水点取样进行碳同位素分析,包括溶解无机碳($\delta^{13}C_{DIC}$ (V-PDB))和颗粒有机碳($\delta^{13}C_{POC}$(V-PDB)),取样点位置及分析结果见表 4.7。南川河流域同位素特征主要有以下方面:12 个地表水点碳同位素 $\delta^{13}C_{DIC}$(V-PDB)平均值为 $-9.04‰$,标准方差为 2.75‰;$\delta^{13}C_{POC}$(V-PDB)平均值为 $-26.11‰$,标准方差为 11.12‰。

表 4.7 南川河流域地表水的碳同位素特征

序号	编号	位置	$\delta^{13}C_{DIC}$(V-PDB)/‰	$\delta^{13}C_{POC}$(V-PDB)/‰
1	LB01	山西省吕梁市中阳县车鸣峪乡陈家湾村南川河上游黑太子桥	−10.67	−25.64
2	LB02	山西省吕梁市中阳县宁乡村刘家坪村	−10.31	−25.70
3	LB03	山西省吕梁市中阳县车鸣峪乡	−9.65	−24.81
4	LB04	山西省吕梁市中阳县宁乡村万年饱村水文站	−10.76	−25.99
5	LB05	山西省吕梁市中阳县车鸣峪乡中阳虹鳟鱼场	−10.79	−26.08
6	LB06	山西省吕梁市中阳县车鸣峪乡关上村	−9.55	−25.80
7	LB07	山西省吕梁市中阳县车鸣峪乡关上村	−9.91	−25.52
8	LB08	山西省吕梁市中阳县车鸣峪乡南川河大坝	−7.34	−30.19
9	LB09	山西省吕梁市中阳县车鸣峪乡陈家湾村南川河中游	−7.73	−30.28
10	LB10	山西省吕梁市中阳县车鸣峪乡陈家湾水库出水口	−7.53	−31.34
11	LB11	山西省吕梁市中阳县车鸣峪乡农业光伏大棚	−10.01	−27.37
12	LB12	山西省吕梁市中阳县宁乡镇王山底村	−8.64	−29.89
平均			−9.04	−26.11

从图 4.7 可以看出,在南川河流域,地表水的 $\delta^{13}C_{DIC}$(V-PDB)平均值为 $-9.41‰$,SO_4^{2-}/HCO_3^- 比值为 0.18,表现出以碳酸盐岩的碳酸风化为主、硫酸风化为辅的水化学组成特征。

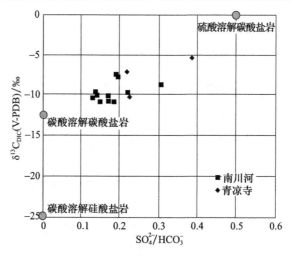

图 4.7 地表水点 $\delta^{13}C_{DIC}$(V-PDB)与 SO_4^{2-}/HCO_3^-(摩尔比)关系图

4.3.4　岩溶碳循环发生的生态环境因素

图 4.8 为南川河流域石灰土不同植被类型下土壤 CO_2 的浓度特征。石灰土三种植被的土壤 CO_2 浓度平均值为 6287 ppm。其中,灌丛最高,为 6869 ppm;草地其次,为 6551 ppm;林地最低,为 5443 ppm。随着土层的加深,石灰土区土壤 CO_2 浓度呈现明显的双梯度特征。CO_2 浓度首先增加,在 $40\sim80$ cm 处达到最大,随后随深度增加逐渐变小。这是因为土壤中的 CO_2 溶解在下渗水中,在岩土界面与碳酸盐岩发生溶蚀作用,消耗吸收土壤中的 CO_2,使土壤 CO_2 浓度出现中间高、上层与下层低的"双梯度"特征。并且这种变化特征以草地最为明显,草地表层土中 CO_2 浓度为 3000 ppm,在土层深度 60 cm 达到最大,为 6000 ppm,底部岩土界面的 CO_2 浓度为 5200 ppm。

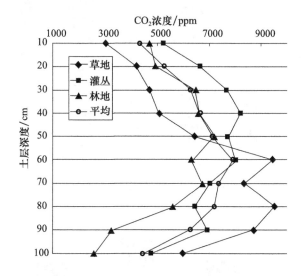

图 4.8　南川河流域石灰土不同植被类型土壤 CO_2 浓度变化

南川河流域主要森林中,白桦林土壤呼吸速率最高,是华北落叶松林的 2.61 倍;分布面积最大的辽东栎林土壤呼吸速率居中(图 4.9)。但是森林土壤呼吸作用强度均低于灌丛和草丛,这与前文森林土壤 CO_2 浓度低于灌丛和草丛的结果一致。这可能和测定的季节有关。7 月末 8 月初处于一年中最热的季节,森林由于郁闭度高,土壤的增温幅度会小于灌丛和草丛。而土壤呼吸对土壤水分和温度敏感。更高的温度条件下,土壤微生物更活跃,从而增加了土壤呼吸作用的强度。白桦林内碳的循环速度可能较华北落叶松高得多,从而具有更大的碳循环效应。

南川河石灰土中林地的碳汇潜力虽然没有草地和灌丛强,但是林地在南川河占有较大比例,也是当地重点采取的封山育林方式。因此在分析碳汇潜力时,重点分析不同林木情况下的土壤固碳增汇潜力。前文分析认为,白桦林可能较华北落叶松具有更高的碳汇潜力。然而如果从植被的生产力、土壤碳库的排放量、土下碳酸盐岩风化吸存量等方面来考虑植被的碳汇效应,可能会有不同的结果。根据文献资料收集与研究区森林类型及其林龄相近的几种主要森林的净初级生产力对比,结果如图 4.10 所示。研究区分布面积最大的辽东栎林具有最大的净初级生产力,其地上部分的碳汇效应最好。华北落叶松林和白桦林净初级生产力相近,比辽东栎林低 $16\%\sim17\%$。如果从碳酸岩盐风化的角度来看,溶蚀试片试验表明,辽东栎林、华北落叶松林和相近的山杨-白桦林的土下溶蚀量分别为 1.79、1.21 和 0.18 t/(hm² · a)(出现微量溶蚀)。因此从碳汇角度而言,辽东栎林能够通过光合作用固定更多的碳,并能通过促进土下碳酸盐岩的溶蚀吸收更多的碳,同时其土壤碳库排放的碳不高,从而具有最好的碳汇效应;华北落叶松林光合作用固定的碳、土下碳酸盐岩风化吸收的碳较辽东栎林低,其土壤排放的碳较辽东栎林高,碳汇效应居于次位;白桦林虽然净初级生产力和华北落叶松林相近,但土壤碳释放高,且土下碳酸盐岩风化产生的碳汇极小,综合碳汇效应在三种林型中最差。

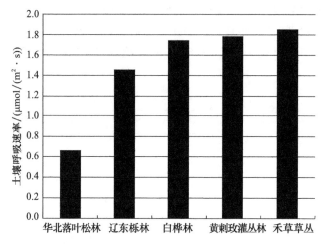

图 4.9　南川河石灰土不同植被类型土壤呼吸速率对比

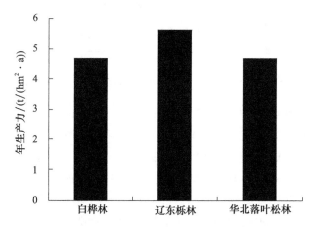

图 4.10　南川河石灰土主要森林类型净初级生产力对比(刘志刚 等,1992;孙美美 等,2017)

4.4　河流呼吸碳通量

在陆地生态系统、大气、海洋与湖泊都有涉及的河流碳循环研究中,人们特别关注河流在陆-海碳通量方面的作用,而疏于其河道水体水-气界面的碳通量研究。现有的研究成果表明,很多河流河道中的水体 CO_2 大部分时间处于过饱和状态,不断地向大气排放 CO_2(唐文魁 等,2013)。其中,南美亚马孙河水-气界面碳的净通量是其河-海通量的 13 倍(Thwaites et al.,2022)。全球河流的 CO_2 分压(PCO_2)时空分布复杂,河道碳排放特征的地域性和季节性很强。现有的研究成果主要集中于北美、欧洲及南美亚马孙河等外流河,难以准确反映全球河流的碳排放规律,因此,针对全球河流的碳排放研究非常薄弱的现实,加强全球典型河流的碳排放研究,对于认识河流的碳循环机理和大气碳源汇研究具有十分重要的意义。

河道水-气界面的碳交换过程被 Raymond 称之为河流的"呼吸"作用(Riverine Breath)(Ludwig et al. ,1996)。主要是河道向大气排放 CO_2,其通量的大小与水-气界面的 CO_2 分压差(△PCO_2)有关。关于水体中 CO_2 分压(PCO_2)的测算方法主要有两种:使用气体平衡红外检测方法现场测定(薛亮,2011)和基于水体中碳酸盐体系平衡系统的参数计算方法。目前,通过测定 pH 值和 TAlk 等参数间接获得表层水 PCO_2 的方法广为使用,并且采用加酸萃取后用红外或库仑法检测获得总溶解无机碳(TDIC),可以大大提高准确度(唐文魁 等,2013)。理论上,当大气 CO_2 穿越水-气界面进入水相后,就建立了 CO_2 体系,或称碳酸盐体系。水中的 CO_2 体系除温度外,还受水体中总溶解无机碳(TDIC)、总碱度(TAlk)、pH 值和 PCO_2 等 4 要素的控制,并且上述 4 要素通过热力学参数相联系,受许多物理、化学、生物等过程的影响。实测数据表明,河道水体中 PCO_2 往往大于大气,处于过饱和状态,且由于世界河流系统的理化性质和反应条件多种多样,导致不同地区、不同河段河流水体的 CO_2 过饱和程度各有不同,并且随时间发生变化。有些研究者根据所研究流域的特殊性建立了基于流域特点的 PCO_2 计算的经验公式(Alberto et al. ,2004)。一般地 ,河流水-气界面存在以下平衡过程:

$$CO_2(气) \leftrightarrow CO_2(水) + H_2O \leftrightarrow H_2CO_3 \leftrightarrow H^+ + HCO_3^- \leftrightarrow 2H^+ + CO_3^{2-}$$

上述过程的方向及其速度依赖于河道水-气界面体系中各种理化状态和反应条件。当该平衡体系中的任何一个环节发生变化时,系统会自动调整以适应新的平衡。一般来说,河流水-气界面的 CO_2 通量与水-气界面的 CO_2 分压差(△PCO_2)成正相关关系。目前,河道中的 CO_2 排放通量的计算公式一般采用如下算式:

$$F = K \cdot △PCO_2$$

式中,F 表示水-气界面 CO_2 通量,F 为负值表明河道吸收大气 CO_2,F 为正值表明河道向大气释放 CO_2;K 表示 CO_2 传输系数,为 CO_2 传输速率(r)及其在水中溶解度(s)的乘积(即 $K = r \cdot s$);△PCO_2 表示水-气界面 PCO_2 差,即 △PCO_2 = PCO_2(水) − PCO_2(气)。

此处采用碳酸盐体系中的各参数间接计算获取水体中的 PCO_2(表 4.8)。大气中的 PCO_2 值 P_0 采用珠江流域 46 个站点实测平均值(399 utam,该值接近美国国家海洋和大气管理局(NOAA)的预测数值),并根据调查区平均高程(a)进行海拔校正。

$$PCO_2 = P_0 \cdot (1 - 0.0065 a/288)^{5.256}$$

计算结果如表 4.8 所示(只采用南川河干流上的 10 个点数据)。

对于河流 CO_2 的排放通量计算,不仅要有水-气界面△PCO_2,而且要确定合理的系数 K 值。对于 $K = r \cdot s$ 中 s 的计算,均使用 Weiss(1974)提出的公式。其中,s 的单位为 mol/(L·atm),T 为绝对温度。即

$$s = \exp(-58.091 + 90.507(100/T) + 22.294\ln(T/100) + 2.071(T/100000) + 4.046(T/10000))$$

r 的计算争议很大。对于有波浪的液-气界面,多数模型假定 r 与施密特数(Sc)的二次方根成比例。由于采样时平均风速不大,风速不是水体中 CO_2 扩散的主要因素,此处采用 Frankignoulle 等(1998)的方法,取水体扰动强度中等的 CO_2 传输速率,即 $r = 0.00002$ m/s,计算出各样点每天呼吸通量(表 4.8)。

表 4.8 南川河河流 PCO_2 分压及呼吸通量

编号	pH 值	水温/℃	PCO_2(水)/uatm	海拔高度/m	PCO_2(气)/uatm	$\triangle PCO_2$	绝对温度 T	s/(mol/(L·atm))	r/(m/s)	k	F/(mol/(m²·d))
LB01	7.54	21.3	6918	1164	346.8997	6571.10026	294.3	0.038262	0.00002	7.652E-07	0.1206846
LB02	7.89	17.8	2951	1389	337.4959	2613.50411	290.8	0.042425	0.00002	8.485E-07	0.0532209
LB03	7.81	18.0	3467	1268	342.5271	3124.47294	291.0	0.042169	0.00002	8.434E-07	0.0632422
LB04	7.35	17.9	10000	1209	345.0022	9654.99780	290.9	0.042296	0.00002	8.459E-07	0.1960179
LB05	7.60	18.7	5888	1322	340.2743	5547.72571	291.7	0.041291	0.00002	8.258E-07	0.1099529
LB06	7.35	24.1	10965	1366	338.4476	10626.55241	297.1	0.03537	0.00002	7.074E-07	0.1804136
LB07	7.48	19.4	7413	13344	339.7753	7073.22469	292.4	0.04044	0.00002	8.088E-07	0.1372999
LB08	7.50	24.7	5370	1178	346.3085	5023.69150	297.7	0.034795	0.00002	6.959E-07	0.0839036
LB09	7.48	24.2	5495	1223	344.4136	5150.58643	297.2	0.035273	0.00002	7.055E-07	0.0872052
LB10	7.60	26.0	/	/	/	4016.87293	299.0	0.033599	0.00002	6.72E-07	0.0647817
平均	7.56	21.21	6283	1258	342.9271	5940.27288	294.21	0.038592	0.00002	7.718E-07	0.1096722

注：LB 为地表水采样点。/表示无数据。

为了更加准确地计算各支流的呼吸通量,在计算各支流和干流站点呼吸通量的基础上,对其取平均值,结合各个控制站点的水面宽度和长度计算水面面积,计算各个支流的呼吸通量。使用呼吸速率的平均值、河流宽度平均值及河流长度总和来计算整个流域的呼吸通量。计算结果见表 4.9。

表 4.9　南川河流域河流呼吸通量

样点编号	河宽/m	河长/m	$F/(\text{mol}/(\text{m}^2 \cdot \text{d}))$	呼吸通量 $F/(\text{tCO}_2/\text{a})$
LB01	5.0	25000	0.1206846	242.27
LB02	1.0	2000	0.0532209	1.70
LB03	3.0	20000	0.0632422	60.94
LB04	3.5	23000	0.1960179	253.41
LB05	2.8	14000	0.1099529	69.22
LB06	1.5	3000	0.1804136	13.03
LB07	1.8	10000	0.1372999	39.69
LB08	3.5	28000	0.0839036	132.05
LB09	3.5	28000	0.0872052	137.25
LB10	3.5	28000	0.0647817	101.95
平均	2.91	18100	0.1096722	105.15

流域的河道"呼吸"通量计算过程考虑了海拔高度的修正和河道水体扰动为中等强度的传输系数($r=0.00002$ m/s),根据河流的呼吸通量,结合河流的表面积(表 4.9),计算得出河流的呼吸通量。表 4.9 显示了河流的呼吸通量大小,南川河流域干流和支流为 $1.7 \sim 253$ tCO_2/a,平均为 105 tCO_2/a,这对于区域的碳源汇平衡预算清单是不可忽略的重要内容之一。

4.5　岩溶流域碳形态转化

最新研究(徐森 等,2022)表明,水生光合生物可能会利用溶解无机碳 DIC(DIC=CO_2(aq*)+HCO_3^-+CO_3^{2-},主要为 HCO_3^-)形成有机碳,而后通过沉积和掩埋使其进入岩石圈形成碳汇,进而控制长时间尺度(>3000 a)的气候变化(曹建华 等,2004;Larson,2011)。这一认识已经被许多学者所证实。因此,河流碳汇通量的估算应当考虑内源有机碳(包括入海的和在陆地水生生态系统中沉积的)的贡献(Galy et al. ,1999),否则,可能会低估岩石风化作用对碳汇的贡献(Sarmiento et al. ,1992;Probst et al. ,1994;Yoshimura et al. ,1997;袁道先,1997;蒋忠诚等,1999)。

在藻类光合作用将无机碳转化为有机碳过程中,富含 ^{12}C 的无机碳会被藻类优先吸收,而导致表层水体 δ^{13}C 值变大。利用 $\delta^{13}C_{\text{DIC}}$ 值来指示浮游植物光合作用,能够很好地反映水体中内源碳和外源的转化关系。

水生生物利用 DIC 合成有机质,化学方程式可以表示为(徐胜友 等,1997;袁道先,2001)
$$CaCO_3+CO_2+H_2O \rightarrow Ca^{2+}+2HCO_3^- \rightarrow CaCO_3 \downarrow +x(CO_2 \uparrow +H_2O)+(1-x)(CH_2O \downarrow +O_2)$$
式中,x 为脱气作用释放 CO_2 的量,$x<1$(蒋忠诚 等,2011)。

因此,碳酸盐风化形成的大气 CO_2 净碳汇是陆地水生生态系统产生的有机碳汇与河流入海无机碳汇之和(袁道先,2016)。其估算模型为(蒋忠诚 等,1999)

---

* aq 表示液相。

$$CSF' = 0.5 \times Q \times DIC + 0.5 \times Q \times ATOC + 0.5 \times ASOC$$

式中,CSF'为碳汇通量;Q 为径流量;ATOC 为水体中内源有机碳含量;ASOC 为沉积物中内源有机碳含量;0.5 表示水体中 HCO_3^- 有一半来自大气。

为了计算河流的完整碳汇通量,必须计算出式中的 ATOC 和 ASOC。由于南川河坡度较大,底泥沉积过程缓慢,此处并未考虑底泥沉积的碳汇量。

自然界中陆生植物主要分为 C_3 植物(乔本树木和大部分灌丛等)和 C_4 植物(主要是草类、作物等)。这两类植物有机体中的 $\delta^{13}C$ 分布范围分别为 C_3 植物:$-34‰ \sim -23‰$,C_4 植物:$-22‰ \sim -6‰$。表 4.7 中列出了南川河主要站点的 $\delta^{13}C_{POC}$ 值。从表中可以看出,流域水体的 $\delta^{13}C_{POC}$ 值介于 $-31.34‰ \sim -24.81‰$,平均为 $-26.11‰$。

根据水体中 POC 的 $\delta^{13}C$ 值,以及碳酸盐岩的 $\delta^{13}C$ 值,计算河流内源有机碳的贡献及对应的水生生物固碳量见表 4.10。分析岩溶成因碳汇迁移与水生生物之间的关系,估算水生植物利用岩溶成因碳的能力和效率,研究不同水生植物类型(或种类)对岩溶碳汇稳定性的作用。

表 4.10　水生生物固碳量

编号	内源有机碳的比例/%	河流碳输出通量/(tCO₂/a)	水生生物利用量/(tCO₂/a)
LB01	0.42	541.99	386.31
LB02	0.40	177.58	118.96
LB03	0.39	390.74	248.72
LB04	0.41	415.15	293.30
LB05	0.41	327.41	231.05
LB06	0.37	214.13	125.85
LB07	0.39	219.10	139.10
LB08	0.24	376.73	121.02
LB09	0.26	366.43	125.61
LB10	0.24	385.39	121.88
平均	0.35	341.47	191.18

4.6　岩溶碳汇通量计算

根据河水元素比值之间的关系,采用 Galy 等的方法(如 3.4 节所述),分别计算出流域地下水和地表水的碳汇强度,如表 4.11 和表 4.12 所示。

从表 4.11 中可以看出,上中下游的岩溶碳汇速率基本相同,整个流域岩溶碳汇速率平均为 5.58 $tCO_2/(km^2 \cdot a)$。其中,碳酸盐岩碳汇速率为 6.30 $tCO_2/(km^2 \cdot a)$,硅酸盐岩碳汇速率为 1.53 $tCO_2/(km^2 \cdot a)$,如果考虑硫酸的影响,其碳酸盐岩的溶蚀速率变为 4.05 $tCO_2/(km^2 \cdot a)$,扣除约 38%。从表 4.12 可以看出,沿南川河自上游至下游,其碳汇速率逐渐降低,从 LB02(山西省吕梁市中阳县宁乡村刘家坪村)的 2.86 $tCO_2/(km^2 \cdot a)$,降低到 LB07(山西省吕梁市中阳县车鸣峪乡关上村)的 2.67 $tCO_2/(km^2 \cdot a)$,到达陈家湾水库(LB08～LB10)以后,其碳汇速率变为 1.91～1.94 $tCO_2/(km^2 \cdot a)$,碳汇速率降低明显。进入陈家湾水库以后其碳汇通量骤然降低,LB01 为进入陈家湾水库的上游调查点,其碳汇通量为 541.99 tCO_2/a,到达陈家湾水库以后变为 366.43～385.39 tCO_2/a,平均为 376.18 tCO_2/a,说明水库中发生了明显的碳转移过程。

表 4.11　地下水的溶蚀速率与碳汇速率

编号	碳酸溶蚀硅酸盐岩		碳酸溶蚀碳酸盐岩		硫酸碳酸共同溶蚀		合计
	溶蚀速率 /(tCO$_2$/(km^2·a))	碳汇速率 /(tCO$_2$/(km^2·a))	溶蚀速率 /(tCO$_2$/(km^2·a))	碳汇速率 /(tCO$_2$/(km^2·a))	溶蚀速率 /(tCO$_2$/(km^2·a))	碳汇速率 /(tCO$_2$/(km^2·a))	碳汇速率 /(tCO$_2$/(km^2·a))
LX01	0.39	1.67	5.17	5.13	9.81	4.13	5.80
LX02	0.03	2.06	0.52	6.51	1.08	3.51	5.57
LX03	0.13	1.22	2.47	6.86	4.51	3.86	5.08
LX04	0.07	1.13	0.90	7.85	1.85	2.85	3.98
LX05	0.04	2.07	0.49	5.47	1.02	4.47	6.54
LX06	0.01	1.01	0.09	7.09	0.19	5.09	6.10
LX07	0.03	2.05	0.43	6.43	0.90	5.43	7.48
LX08	0.01	1.01	0.09	5.09	0.19	3.09	4.10
平均	0.51	1.53	1.27	6.30	2.44	4.05	5.58

表 4.12 地表水溶蚀速率与 CO_2 消耗速率

编号	碳酸溶蚀硅酸盐岩			碳酸溶蚀碳酸盐岩			硫酸碳酸共同溶蚀			合计	
	溶蚀速率 /(tCO₂ /(km²·a))	CO₂消耗量 /10³ mol /(km²·a)	碳汇速率 /(tCO₂ /(km²·a))	溶蚀速率 /(tCO₂ /(km²·a))	CO₂消耗量 /10³ mol /(km²·a)	碳汇速率 /(tCO₂ /(km²·a))	溶蚀速率 /(tCO₂ /(km²·a))	CO₂消耗 /10³ mol /(km²·a)	碳汇速率 /(tCO₂ /(km²·a))	碳汇速率 /(tCO₂ /(km²·a))	碳汇通量 /(tCO₂/a)
LB01	0.21	8.53	0.38	2.70	56.64	2.49	1.42	56.64	2.49	2.87	541.99
LB02	0.20	6.76	0.30	3.21	58.33	2.57	1.35	58.33	2.57	2.86	177.58
LB03	0.18	6.74	0.30	2.86	57.15	2.51	1.24	57.15	2.51	2.81	390.74
LB04	0.20	8.03	0.35	2.79	55.29	2.43	1.39	55.29	2.43	2.79	415.15
LB05	0.20	7.59	0.33	2.89	57.11	2.51	1.37	57.11	2.51	2.85	327.41
LB06	0.21	7.79	0.34	2.99	55.41	2.44	1.47	55.41	2.44	2.78	214.13
LB07	0.23	8.45	0.37	2.80	52.28	2.30	1.55	52.28	2.30	2.67	219.10
LB08	0.17	7.67	0.34	1.97	36.24	1.59	1.16	36.24	1.59	1.93	376.73
LB09	0.18	8.22	0.36	1.99	35.16	1.55	1.25	35.16	1.55	1.91	366.43
LB10	0.17	7.88	0.35	1.92	36.13	1.59	1.19	36.13	1.59	1.94	385.39
平均	0.19	7.77	0.34	2.61	49.97	2.20	1.34	49.97	2.20	2.54	341.47

河流的碳汇通量应当包括无机碳汇通量、内源有机水生生物碳汇通量以及河流呼吸通量的综合。根据表 4.8 至表 4.12 可以计算出南川河流域碳汇量以及碳汇速率，如表 4.13 所示。

表 4.13　南川河流域 CO_2 通量估算

编号	无机碳汇通量 /(tCO_2/a)	水生生物碳汇通量 /(tCO_2/a)	河流呼吸通量 /(tCO_2/a)	总碳汇通量 /(tCO_2/a)	碳汇速率 /($tCO_2/(km^2 \cdot a)$)
LB01	541.99	386.31	242.27	686.03	3.63
LB02	177.58	118.96	1.71	294.83	4.76
LB03	390.74	248.72	60.94	578.52	4.16
LB04	415.15	293.30	253.42	455.03	3.05
LB05	327.41	231.05	69.22	489.23	4.25
LB06	214.13	125.85	13.04	326.94	4.25
LB07	219.10	139.10	39.69	318.51	3.88
LB08	376.73	121.02	132.05	365.70	1.88
LB09	366.43	125.61	137.25	354.79	1.85
LB10	385.39	121.88	101.96	405.31	2.04
平均	341.47	191.18	105.16	427.49	3.37

南川河每年吸收大气 CO_2 为 341.47 tCO_2/a，根据表 4.12 碳酸溶蚀碳酸盐岩的碳汇速率计算得出 227 tCO_2/a，其进入河流以后，通过呼吸作用排出 568.47 tCO_2/a，水生生物利用 191.18 tCO_2/a，每年从河流输出的无机碳量为 377.47 tCO_2/a，据此计算出南川河总的碳汇溶蚀速率为 3.37 $tCO_2/(km^2 \cdot a)$（图 4.11）。

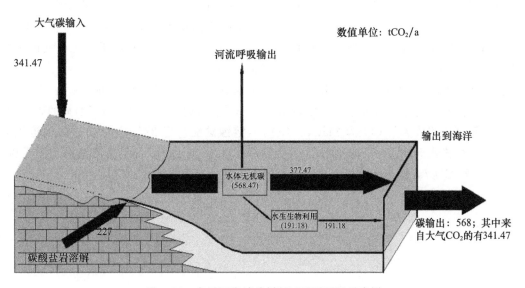

图 4.11　南川河流域碳循环过程及通量示意图

4.7　小结

南川河碳酸盐岩分布面积占流域面积的60%，是我国北方典型的岩溶小流域。利用溶蚀试片法计算得出，南川河流域不同土地利用方式下碳酸盐岩溶蚀速率差别较大。最低为4.2 g/(m²·a)，最高可达49.5 g/(m²·a)，平均为25.46 g/(m²·a)；对应产生的碳汇强度最低为1.69 tCO$_2$/(km²·a)，最高为19.86 tCO$_2$/(km²·a)，平均值为10.2 tCO$_2$/(km²·a)。最高值一般处于草地和林地，并且是不纯灰岩区，土层较厚。纯灰岩区土层、覆盖厚度中等的灌丛地和林地溶蚀速率和碳汇强度都是中等；裸露型岩溶区即使灌丛覆盖度较高，其碳汇碳酸盐岩溶蚀速率和碳汇强度也较低。

北方岩溶区从空气到土下，同一个剖面通常表现为空气中溶蚀试片的溶蚀速率最大，通常随着土下深度的增加，碳酸盐岩的溶蚀速率逐渐降低。但也有个别剖面土下溶蚀呈现溶蚀速率为负值的情况，显示试片质量增加，碳酸盐岩在试片表面沉积。土壤CO$_2$浓度在岩溶区土壤也通常表现为上下低、中间高的"双梯度"特征。

利用地表水和地下水的碳同位素分析土壤中碳的组成，分析结果显示，南川河流域的δ^{13}C$_{DIC}$(V-PDB)平均值为−9.41‰，SO$_4^{2-}$/HCO$_3^-$比值为0.18，表现出以碳酸盐岩的碳酸风化为主、硫酸风化为辅的水化学组成特征。

从森林固碳角度分析，辽东栎林具有最好的碳汇效应，华北落叶松林的碳汇效应居于次位，白桦林虽然净初级生产力和华北落叶松林相近，但土壤碳释放高，且土下碳酸盐岩风化产生的碳汇极小，综合碳汇效应在三种林型中最差。

对河流的呼吸作用、无机有机碳转换及外源酸影响等进行分析得出，南川河流域干流和支流的呼吸释放CO$_2$的通量在1.7～253 tCO$_2$/a，平均为105 tCO$_2$/a。河流无机碳中35%转换为内源有机碳；整个流域岩溶碳汇速率平均为5.58 tCO$_2$/(km²·a)，其中碳酸盐岩碳汇速率为6.30 tCO$_2$/(km²·a)，硅酸盐岩碳汇速率为1.53 tCO$_2$/(km²·a)，如果考虑硫酸的影响，其碳酸盐岩的溶蚀速率变为4.05 tCO$_2$/(km²·a)，扣除约38%。

南川河流域水库的碳沉积作用明显，南川河进入陈家湾水库之前，其碳汇通量为541.99 tCO$_2$/a，到达陈家湾水库以后变为376.18 tCO$_2$/a，说明水库中发生了明显的碳转移过程。南川河每年吸收大气CO$_2$为341.47 tCO$_2$/a，溶蚀碳酸盐岩227 tCO$_2$/a，进入河流以后，通过呼吸作用排出568.47 tCO$_2$/a，水生生物利用191.18 tCO$_2$/a，每年从河流输出的无机碳量为377.47 tCO$_2$/a，据此计算出南川河的总的碳汇溶蚀速率为3.37 tCO$_2$/(km²·a)。

第5章 山西青凉寺沟流域黄土碳汇效应

5.1 研究区概况

5.1.1 位置及交通条件

青凉寺沟所在的临县位于黄河中游晋西黄土高原吕梁山西侧,地处黄河中游山西西部,隶属于山西省吕梁市,东凭吕梁山连接方山,西临黄河与陕西佳县、吴堡县隔河相望,北靠兴县,南接离石、柳林区(图5.1)。地理坐标为北纬37°35′52″~38°14′19″,东经100°39′40″~111°18′02″,距临县城区约19 km。

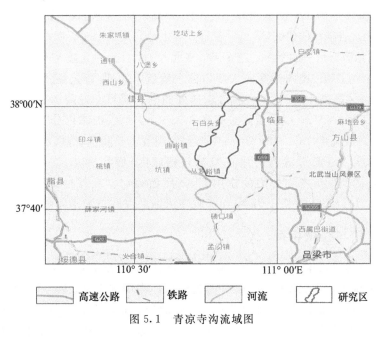

图5.1 青凉寺沟流域图

5.1.2 气象水文条件

青凉寺沟所处的临县地处中纬度地区,属温带大陆性气候。春季干旱多风少雨,夏季炎热雨量集中,秋季较为温凉湿润,冬季寒冷干燥少雪。由于东北高而西南低、海拔相对高差1267 m的地势特征,形成东北寒凉、西南温暖的明显气候差异。总体上该区域气候温和,热量丰富,光照充足,降雨较少,且时空分配极不平衡。年平均大阳总辐射量为140.7 kcal/cm²,年均日照时数2807 h,日均7.7 h,年日照百分率为63%,日照时数最多的6月为286.5 h,最少的12月为204.7 h。年平均气温介于6.5~11.3℃,平均气温8.8℃。东北部年平均气温6.5℃,西南部年

69

平均气温 11.3 ℃,南北相差 4.8 ℃,呈自西南向东北递减趋势。全县无霜期平均为 160 d 左右,由东北向西南延长,相差 30 d 左右。年平均降水量为 518.8 mm,从东北向西北、西南递减,东北部年降水量为 558.1 mm,西北部年降水量为 417.6 mm,西南部年降水量为 454.4 mm,级差分别为 140.5、103.7 mm。在全年降水中,季节差异很大,春季占 14.4%,夏季占 58.2%,秋季占 24.7%,冬季占 2.7%。而 7、8、9 三个月总降水量 323.9 mm,占全年降水量的 62.5%,为雨量集中期。临县年平均蒸发量为 2149.8 mm,是降水量的 4 倍多,高于吕梁地区其他各县。年内蒸发量的极大值出现在 5、6、7 三个月,月均 367.5 mm,为同期降水量的 6.5 倍。

临县境内河流均属黄河水系。全县河流具有明显的夏雨型和山地型河流特征。清水流量小,洪水流量大,水量不稳定,变化频率高;河道较短,坡陡弯急,冲刷严重,泥沙含量高,洪水利用率很低。境内水资源主要依靠大气降水量,全县水资源总量为 1.2476 亿 m³/a。

5.1.3 地形地貌特征

青凉寺沟流域是柳林泉域西北部一个地表河流。地表水经青凉寺沟直接汇入黄河,是黄河的二级支流。地表水部分下渗,补给地下水,成为柳林泉的上游补给区。流域总控制口杨家坡水文站控制集水面积 287 km²,流域内主要分布黄土丘陵沟壑区,面积 269.9 km²,占集水面积的 94.9%。流域上游分布 31 km² 的变质岩地层。该区域黄土分布较多,地层相对简单,流域边界清楚,作为黄土碳酸盐岩碳汇的研究区,可以着重开展土地利用类型对碳酸盐岩溶蚀的影响研究。

青凉寺流域地势东北高、西南低,东西窄、南北长;地形分为丘陵沟壑区和山间河谷区;主要山脉有紫金山、大度山,境内最高峰大度山位于境域东北部,海拔高度 1823 m;最低点位于木家坪村河谷,海拔高度 1000 m。青凉寺沟所处的临县属黄土丘陵沟壑区,地势东北高西南低,最高点海拔高度 1923 m,最低点海拔高度 673.6 m。地貌形态可分为东北部土石山区,面积 148.67 km²,海拔高度 1350~1923 m;中部大面积黄土丘陵沟壑区,面积为 1933.3 km²,海拔高度 1100~1350 m;西部黄河沿岸丘陵基岩裸露区,面积 830.37 km²,海拔高度 673~1100 m。在长期的地质演变和外力的作用下,高原面被切割和侵蚀,形成千沟万壑,支离破碎,地形复杂,多以残积土、破积土为主;而丘陵浅山地区以及山麓平原则以黄土为主。

5.1.4 土壤与植被特征

调查区总体上地处吕梁山中段西部,地貌属黄土高原区,东部基岩山区有少数森林覆盖,大部分为灌木区;西部为黄土丘陵区,黄土广布,地面被冲沟切割支离破碎,冲沟和梁、垣、峁发育,水土流失严重。流域内黄土丘陵沟壑区面积占集水面积的 94.9%,仅流域上游分布小部分的变质岩地层。各种自然植被类型都比较少,以草丛最多,占总面积的约 4%;森林和灌丛仅占流域面积的约 2%;由于强烈的水土流失形成的沟壑等未利用地也有一定比例。

青凉寺沟高比例的农用地可能和黄土基质有关。在长期的种植过程中,黄土区土地被充分开发利用,仅余留一些陡坡、水土流失的沟壑区,以及河沟生长自然植被。耕地中相当部分是园地,其中中部、南部更集中,主要是红枣园,属于山西省著名的红枣生产区。枣园中常间作玉米和小米。流域北部以耕地为主,主要种植玉米,有少量的核桃园。中北部区域也以耕地居多,主要种植小米,也见玉米和土豆,园地中核桃和枣园兼有。流域北部黄土区域森林极为少见,仅局部区域有杨树、油松等种植或残存。南部区域基本无自然林,偶见种植的槐树林。酸枣、荆条等灌木也仅分布于农地之间、土梁等处。草丛则分布于河沟滩地及土梁的陡坡,其中河沟滩地主要是禾草类草丛,其次是蒿类草丛,陡坡地则主要是蒿类草丛。黄土有三个主要地层(图 5.2):晚更新世(Q_3)、中更新世(Q_2)及上新世(N_2)地层。

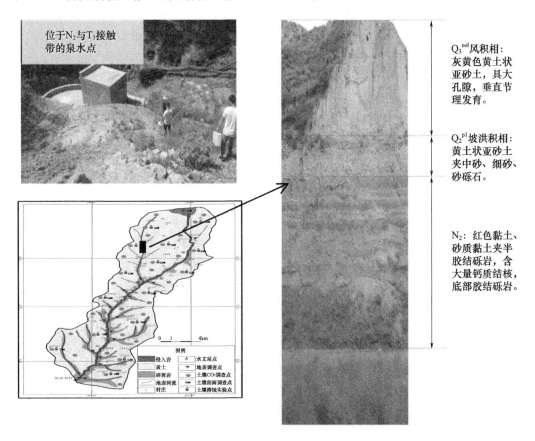

图 5.2　青凉寺沟研究区主要黄土地层(见彩插)

其中,Q_3 为风成亚砂土;Q_2 为洪积相砂土夹砾石层;N_2 为红色黏土层,钙质结核发育。第四纪亚砂土、砾石层垂直裂隙发育,渗透系数较高。底部第三纪红黏土渗透性较差,水-土作用时间长,是矿物-水反应的主要场所。第三纪下部一般为三叠纪砂岩、页岩,其中页岩含有较多黏土矿物和石英、长石、云母等碎屑矿物。底部三叠纪砂岩是主要阻水层位,大部分地下泉水出露于这一层。

分析研究区黄土的地球化学成分可知,青凉寺沟流域黄土中含量最多的为 SiO_2,其平均含量为 58.52%;其次是 Al_2O_3,平均含量为 11.23%;CaO 约占 7.73%;Fe_2O_3、MgO、K_2O、Na_2O 等的含量分别为 3.98%、2.29%、2.20% 和 1.62%。与世界其他地区的黄土数据相比,研究区黄土的化学成分与陕西洛川黄土化学成分相近,但表现出贫 Al_2O_3、Fe_2O_3、富 SiO_2、Na_2O 的特点。研究区黄土样品中的碳酸钙含量平均值为 11.64%,变化范围介于 1.80%~18.31%。其地球化学成分与矿物组合特征基本一致。有研究(吴明清 等,1995)表明,黄土中的矿物组分以石英(约占黄土矿物总质量的 50%)、长石(约占黄土矿物总质量的 20%)、碳酸盐类矿物(约占黄土矿物总质量的 10%)和黏土矿物(如高岭石、伊利石和蒙脱石等)为主,这种较高的 $CaCO_3$ 含量与黄土区强碱性及干旱寒冷的沉积环境有关。

5.1.5 社会经济发展及与碳循环相关的人类活动情况

研究区所在的临县总面积 2979 km²,辖 23 个乡镇 472 个行政村 32 个社区。全县总人口 65 万(2015 年),是吕梁地区人口最多的县。临县红枣种植面积和产量均居全国之首,2012 年被命名为"中国红枣之乡""中国红枣产业龙头县""中国经济林产业示范县"等。2015 年红枣栽植面积 80 多万亩,产量 3.6 亿斤①,平均亩产约 450 斤。2020 年,临县全年地区生产总值 102.34 亿元,同比增长 3%,退出贫困县名单。2010 年,临县封山育林 0.97 万亩;三北防护林工程完成 3.1 万亩,其中人工造林 2.1 万亩;退耕还林 0.2 万亩,巩固退耕还林成果完成补植补造 4.31 万亩,干果经济林 1 万亩。

临县地处黄土高原腹地,自然条件恶劣,世界粮食计划署专家称此地为"不适宜人类生存之地",被国家划入退耕还林范围。自 2000 年起,临县退耕还林近 20 万亩。临县是一个水保大县,一方面是面积大。全县水土流失面积就达 2589.51 km²,占总面积的 87%,占全省黄河流域水土流失面积的 3.96%,强度以上侵蚀面积占水土流失总面积的 85% 以上。二是地形破碎、复杂。全县共有 100 m 以上(纵坡缓于 12.5%)长度的沟道 11867 条,最高海拔高度 1936.7 mm,最低海拔高度 657 m,全境被冲蚀沟切割得支离破碎。三是水土流失严重。临县是黄河流域水土流失最严重的地区之一,集中表现为产沙时空分布集中,大部分集中在 7—9 月;沟道侵蚀、重力侵蚀严重,产生崩塌、滑坡、泻溜、山剥皮等侵蚀现象;粗泥沙占比大,流失泥沙的粗颗粒泥沙含量占到近 50%,侵蚀模数在 5000~15000 t/(km²·a),每年向黄河输送泥沙 3400 万 t 左右,占全省黄河流域年均输沙量的近 1/10。截至 2020 年底,全县治理度达到 65.9%,累计完成水土流失治理面积 1706.36 km²;共建成淤地坝 5541 座,控制流域面积 231.3 km²。

5.2 研究区流域边界的确定及子流域划分

5.2.1 流域边界

研究区域位于黄土高原中东部黄河以东,地势北高南低,为黄河东岸的一级支流。青凉寺沟流域主要为黄土覆盖,丘陵沟壑发育,严重的水土流失使得流域内地形支离破碎、沟壑纵横。黄土地层相对简单、流域边界清楚。青凉寺沟发源于临县东北 27 km 处的紫金山南麓。紫金山海拔高度 1889 m,是临县最高山峰。青凉寺沟流经李家塔、下会、师庄、青凉寺乡、曹峪坪、张家寨、杨家坡,于丛罗峪镇汇入黄河。全长 50 km,流域面积为 287 km²。整个流域形状呈南北向展布,东西最宽处 8 km,最窄处 4 km。最西端为石白头乡的柏寒村,最东端为青凉寺乡的曹家源村。整体上流域内支流西侧多于东侧。西侧主要的支流有庙宇沟、白家沟、贺家洼沟、西仁里沟。东侧较大的支流为曹家洼沟。以上支流除白家沟常年有水外,其余均为季节性河流。

流域水文下垫面地类有 2 种,分别为变质岩森林山地和黄土丘陵沟壑区。流域多年平均降水量为 437 mm,流域最大年降水量为 782 mm(1967 年),最小年降水量为 314 mm(1965 年)。水利部黄河水利委员会于 1956 年 6 月在该流域设立杨家坡水文站。杨家坡水文站控制流域面积

---

① 1 斤=0.5 kg。

为 283 km², 测验断面以上主河道长度为 46 km, 距离黄河汇入口 4 km。主河道平均坡度为 1.12%。据该站观测, 流域多年平均径流量为 903 万 m³, 实测最大洪峰流量为 1670 m³/s, 多年平均输沙量为 243 万 t(张泽宇 等, 2015)。

5.2.2　含水介质特征

本区域为典型的黄土丘陵地形, 分布第四系风积、冲积孔隙潜水, 黄土裂隙孔洞潜水, 三叠系层状碎屑岩裂隙水和块状基岩裂隙水。其中松散层孔隙含水岩组为主要含水层位。各类地下水主要补给为大气降水, 黄河是地下水排泄总渠道。河谷滩地区孔隙潜水在梁家会到杨家坡河段为中等富水区, 块状基岩裂隙潜水分布在紫金山一带, 基本为贫水区, 可作当地人畜饮用水源。

(1)岩浆岩裂隙含水岩组

主要为流域上游紫金山白垩纪和第三纪晚期岩浆活动形成的混合花岗岩。含水为块状基岩裂隙潜水, 水量贫乏, 日出水量 10~100 t/d(钻孔孔径 150~180 mm, 降深 20 m 的用水量计算), 受山顶裂隙发育影响, 紫金山山顶有局部自水地段。

(2)碎屑岩裂隙含水岩组

流域中下游主要分布三叠系中统纸坊组(T₂z¹)砂岩。泥岩及砂质泥岩不等厚互层, 风化带厚 10~50 m。地下水赋存于裸露地表的砂岩、页岩裂隙中。隔水层为泥岩、页岩、砂质页岩及完整的砂岩, 潜水埋深在河谷区 30~60 m, 富水性与裂隙发育程度、补给来源有关, 多形成泉水, 涌水量一般小于 10 m³/d。矿化度 0.64~59.110 g/L, 一般为 HCO₃-Na 型水, 局部为 Cl-Na 型水。在三叠系纸坊组上覆第三系上统(N₂)的砂质泥岩, 岩层致密, 通常为隔水层位, 厚度 30~110 m, 但风化带及下部砾岩含水, 厚 3.0~11.2 m, 潜水埋深 3.95~9.33 m, 泉水流量一般为 0.02~0.45 L/s, 矿化度 0.176~0.847 g/L, 为 HCO₃-Na 型, HCO₃-Ca 型水。

(3)松散层孔隙含水岩组

分布于黄土丘陵区, 流域内广泛存在。在第三系以上覆盖第四系离石黄土, 覆盖于各类基岩之上, 总厚 120 余米, 主要为亚黏土、亚砂土(黄土)及砂砾石等。含水层主要为冲洪积砂、砂砾石层, 黄土存在大量垂直裂隙, 主要为裂隙含水和孔洞潜水, 零星分布于黄土梁峁区, 组成现代河漫滩及一、二级阶地。含水层厚 20~30 m, 局部达 60 m, 水位埋深 1.5~12 m。含水层为粉质砂土、亚黏土夹古土壤, 厚度 20~50 m, 其蓄水性往往随河床基底岩性不同而变化。泉水流量 0.05~0.21 L/s, 矿化度 0.15~0.501 g/L, 为 HCO₃-Na-Mg·HCO₃-Ca 型水。河谷地带通常为冲积层潜水, 零星分布于二级阶地, 含水层为砂卵石, 厚 0.5~1.0 m, 泉水流量 0.01~0.09 L/s, 矿化度 0.241~0.394 g/L, 为 HCO₃-Ca-Mg·HCO₃-Mg-Ca 型水。

5.2.3　补给、径流、排泄条件

本区为一个独立水资源系统, 地下水的补给来源主要是大气降水, 但是对于不同类型地下水, 其补给、径流、排泄规律很不一致, 各有其特点。

(1)岩浆岩裂隙水

该类地下水主要分布于北部紫金山和大度山, 地表水和地下水补给来源主要是降水入渗补给, 由于风化裂隙发育随深度而减弱, 一般为 15~50 m, 最大为 75 m。因此地下水径流方向受地形起伏控制, 即地下水以地表水分水岭为界向两侧沟谷运移, 然后在沟谷中以泉水的形

式排泄。

(2)碎屑岩裂隙水

碎屑岩裂隙水补给来源主要是大气降水渗入和上层松散层孔隙水补给,地下水的径流方向和径流途径受地形和岩层产状的控制,总体上径流方向自北向南,在青凉寺沟的东西两侧向河谷汇集。地下水径流缓慢,具有承压性,在谷地中心以泉水形式排泄,进入青凉寺沟,部分则沿地层在流域下游越流补给松散孔隙水,一部分排入河道或由人工开采利用,在断裂破碎带也有少量补给深层奥陶系岩溶水。它的特点是径流途径短,没有统一的水位,各岩层之间的水力联系差,即就地补给,在地形突变的情况下涌出成泉,在沟谷中排入河道,流量受季节性影响变化较大。有部分人工开采利用。

(3)松散岩孔隙水

该类地下水中第四系全新统黄土覆盖区潜水分布于流域全域,特别是流域中下游黄土覆盖较厚区域。主要补给来源为大气降水,第三系和第四系基岩裂隙水侧向补给。径流方向通常为垂向,在岩土界面,受第三系和三叠系阻水层位影响,沿地层产状流动,在地形土壤起伏或地形切割处出露成泉。含水层水位受黄土厚度影响较大。河谷中的冲积层含水主要依靠河谷两侧基岩含水层的侧向补给、河谷上游含水层中地下水径流补给和部分大气降水补给。地下水一般排入河流或以泉的形式排泄,在局部地段为人工开采和地面蒸发排泄。

5.3 黄土碳循环特征及影响因素分析

5.3.1 黄土碳循环的水化学因素

青凉寺沟流域水体主要离子水化学特征见表 5.1。研究区地表水现场测定温度介于 23.5～27.7 ℃,均值为 25.1 ℃;地下水水温介于 9.1～18.1 ℃,均值为 13.9 ℃。地表水的 pH 值范围为 7.65～8.46,平均为 8.04,表现为偏碱性;地下水的 pH 值变化范围为 7.55～8.37,平均为 7.82,略低于地表水 pH 值,呈中性偏碱。电导率能够反映水体中的离子强度,介于 15～2410 $\mu S/cm$。水样总溶解性固体(TDS)含量范围变化较大,为 209～996 mg/L,平均值为 393 mg/L,远高于世界河流 TDS 的平均值 69 mg/L(Meybeck,1987)。青凉寺沟的阳离子总当量浓度($TZ^+ = Na^+ + K^+ + 2Mg^{2+} + 2Ca^{2+}$)地表水均值为 8.44 meq/L,地下水均值为 10.43 meq/L,均显著高于世界 61 条大河的均值(1.125 meq/L)(Meybeck,2003),同样也高于研究区同纬度典型温带半干旱北方岩溶流域——山西马跑神泉域(5.27 meq/L)。从黄土矿物的结构形态来看,黄土中矿物结构分散、颗粒细小、水-土接触面大,矿物溶蚀作用充分,可能是造成黄土水中离子含量较高的原因。阴离子的总当量浓度($TZ^- = Cl^- + 2SO_4^{2-} + HCO_3^- + NO_3^-$)地表水为 8.22 meq/L,地下水为 10.39 meq/L。无机电荷平衡系数[$NICB = (TZ^+ - TZ^-) \times 100/TZ^+$]可以表示电荷的平衡状态。通过取样结果分析,地表水、地下水样品的 NICB 全部介于 -5%～+5%,说明离子基本平衡,离子化学数据可用。

表 5.1　青凉寺沟流域地表水、地下水主要离子化学组成

	编号	水温/°C	pH值	TDS/(mg/L)	电导率/(μS/cm)	离子成分/(mmol/L)								TZ+/(meq/L)	TZ-/(meq/L)	NICB
						K^+	Na^+	Ca^{2+}	Mg^{2+}	SO_4^{2-}	HCO_3^-	Cl^-	NO_3^-			
地表水	LB1	23.5	8.03	410	98	0.14	7.8	0.40	1.06	1.71	4.67	2.16	0.09	10.83	10.58	2.31
	LB2	27.7	7.65	285	60	0.09	3.6	0.75	1.05	0.65	4.79	0.85	0.37	7.64	7.30	4.45
	LB3	24.3	8.46	281	68	0.06	4.8	0.31	1.00	0.84	2.70	1.14	0.69	6.85	6.79	0.88
地下水	LX1	11.6	7.74	209	48	0.02	1.5	1.23	0.62	0.15	4.79	0.19	0.11	5.38	5.39	−0.19
	LX2	13.6	7.55	433	17	0.05	5.4	1.40	1.48	0.36	7.01	1.57	1.67	11.15	10.98	1.52
	LX3	9.1	7.80	310	74	0.04	2.0	1.96	1.04	0.26	7.35	0.34	0.02	8.52	8.22	3.52
	LX4	10.4	7.77	338	78	0.03	3.0	1.23	1.14	0.35	5.82	0.90	0.89	8.36	8.31	0.60
	LX5	11.9	7.59	558	1345	0.03	1.2	3.41	2.39	0.32	3.66	3.84	5.03	13.35	13.18	1.27
	LX6	12.8	7.90	356	866	0.03	4.7	1.31	1.14	0.51	4.84	1.27	1.62	9.21	8.76	4.89
	LX7	15.4	7.73	305	76	0.04	4.6	0.96	1.00	0.48	5.94	0.41	0.46	8.13	7.76	4.55
	LX8	18.1	8.08	320	70	0.03	5.2	0.78	0.77	0.37	6.52	0.45	0.50	8.64	8.45	2.20
	LX9	15.2	7.80	359	86	0.04	5.4	1.00	1.16	0.97	7.04	0.38	0.17	9.69	9.52	1.75
	LX10	15.1	7.65	451	15	0.03	6.4	1.50	1.47	1.84	7.04	1.17	0.50	12.30	12.39	−0.73
	LX11	12.4	7.55	996	2410	0.06	14.58	3.03	2.28	3.50	9.05	7.99	2.23	25.26	26.28	−4.04
	LX12	16.4	7.83	408	968	0.03	7.05	0.77	0.87	1.28	6.98	0.80	0.24	10.36	10.57	−2.03
	LX13	15.2	7.92	356	848	0.04	5.60	0.66	0.90	0.79	6.69	0.58	0.28	8.77	9.11	−3.88
	LX14	15.1	7.96	402	952	0.04	7.04	0.67	1.05	1.24	6.11	0.65	0.59	10.51	10.17	3.24
	LX15	14.6	8.37	331	79	0.05	5.67	0.42	0.74	0.65	5.13	0.48	0.60	8.03	7.97	0.75
	LX16	16.1	7.97	364	870	0.05	6.13	0.66	0.88	1.01	5.71	0.85	0.35	9.25	9.27	−0.22

注: LB 代表地表水,LX 代表地下水;$TZ^+ = Na^+ + K^+ + 2Mg^{2+} + 2Ca^{2+}$;$TZ^- = Cl^- + 2SO_4^{2-} + HCO_3^- + NO_3^-$;$NICB = (TZ^+ - TZ^-) \times 100/TZ^+$。

青凉寺沟水体中阳离子以 Na^+ 为主,占总阳离子组成的 $13\%\sim73\%$,平均 56%。阴离子主要以 HCO_3^- 为主,占阴离子总量的 $28\%\sim89\%$,平均 63%。按所占比重排序阳离子和阴离子分别是 $Na^+ > Mg^{2+} > Ca^{2+} > K^+$,$HCO_3^- > Cl^- > SO_4^{2-} > NO_3^-$。从 Piper 三线图(图 5.3)可知,流域水化学类型地表水为重碳酸硫酸-钠型($HCO_3 \cdot SO_4$-Na),地下水为重碳酸-钠型(HCO_3-Na)。

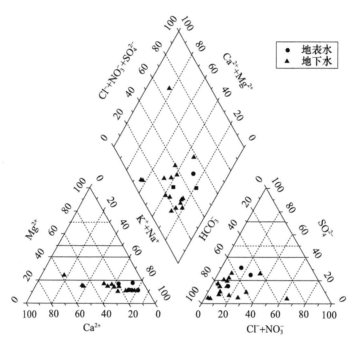

图 5.3　青凉寺沟流域地表水、地下水水化学 Piper 图

Gibbs 的半对数坐标图解可以对河流的离子特征及来源进行分析(Feth et al.,1970)。Gibbs 图可以较直观地反映出河水主要组分趋于"降水控制类型""岩石风化类型"或"蒸发-浓缩类型",可以定性地判断区域岩石、大气降水及蒸发-浓缩作用等对河流水化学影响。将青凉寺沟流域地表水和地下水的离子含量均值绘制到 Gibbs 图中(图 5.4),可以看出,研究区各采样点样品的离子含量投点全部都落于 $Cl^-/(Cl^- + HCO_3^-)$ 的比值小于 0.5 的范围内,并且都分布在图的中部左侧,可以反映出青凉寺沟流域为"岩石风化类型",说明其离子成分主要来源于矿物的风化过程,矿物的风化作用对该区水化学离子组成的影响较为显著。

元素比值的变化关系可以鉴别河水的岩石风化源区物质,根据相关学者(Dessert et al.,2003;Qin et al.,2006;Chetelat et al.,2008)的研究资料可得碳酸盐岩、硅酸盐岩和蒸发盐岩风化来源的水化学组成特征值,见表 5.2。图 5.5 为水体 Ca^{2+}、Mg^{2+} 离子与 Na^+ 标准摩尔比值的变化关系,可以看出,青凉寺沟流域地下水离子组成主要位于硅酸盐矿物风化端元附近,同时向碳酸盐矿物风化和蒸发盐矿物端元延伸;而地表水离子组成更靠近蒸发盐矿物溶解一端,显示蒸发盐矿物溶解对地表水离子组成的贡献。为更准确地识别流域内化学径流来源,选取大气沉降、蒸发盐矿物、硅酸盐矿物和碳酸盐矿物作为 4 个端元来源。而人类活动产生的主要离子为 Na^+、Cl^-、K^+ 和 SO_4^{2-},主要赋存于蒸发盐矿物端元,对碳汇效应影响较小,此处不做计算(翟大兴 等,2011)。

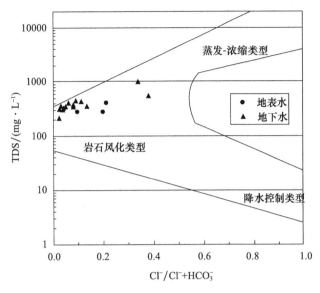

图 5.4　青凉寺沟流域地表水、地下水的 Gibbs 图

表 5.2　不同端元水化学组成特征值

	Mg^{2+}/Na^+	Ca^{2+}/Na^+	HCO_3^-/Na^+
蒸发盐岩	0.01~0.05	0.15~0.30	0.15~0.30
碳酸盐岩	19±9	50±20	50~200
硅酸盐岩	0.24±0.12	0.35±0.15	2±1

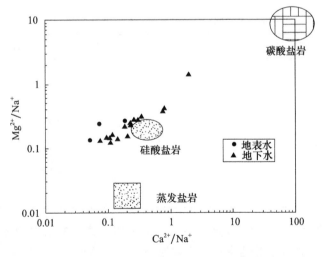

图 5.5　青凉寺沟流域 Na^+ 校正的元素比值分布图

5.3.2　黄土碳循环的地质因素

在青凉寺沟流域选择典型土壤和土地利用类型的样点,埋放标准溶蚀试片。试片类型和埋放位置同 4.3.2。溶蚀试片埋放时间为 2 个水文年,根据收集后的溶蚀试片分别计算不同

土地利用方式的溶蚀速率、空气中和土壤中的溶蚀速率,与此同时计算土壤 CO_2 的溶蚀速率过程。

表 5.3 给出不同埋放位置的溶蚀速率情况。从表中可以看出,地表的溶蚀速率大于地下。受季节性温差和日温差的影响,位于青凉寺沟地表的试片在经历化学风化作用的同时,受到物理风化的作用明显高于土下,造成溶蚀试片的损耗增加,进而计算的溶蚀速率较高。从土下溶蚀速率来看,随着深度的增加,总体上溶蚀速率增强,这与土壤中 CO_2 浓度有关。黄土垂直裂隙比较发育,越靠近地表,土壤中的 CO_2 浓度与大气交换越频繁,导致土壤 CO_2 浓度值偏低。随着深度加深,土壤 CO_2 相对稳定,特别是受植物根系呼吸作用的影响,深部 CO_2 浓度往往高于上部,因此使得试片的溶蚀速率随深度增加而增加。

表 5.3　试片不同埋放位置的溶蚀速率

试片埋放位置	溶蚀速率/(mg·(a·cm²))
地表	0.580
地下 20 cm	0.070
地下 50 cm	0.100
地下 70 cm	0.162

表 5.4 为不同土地利用方式的试片溶蚀速率对比。从表中可以看出。马铃薯地、大豆地、粟地和荒地的试片溶蚀速率较高,核桃林和枣树林地的溶蚀速率较低。试片的溶蚀速率主要受土壤 CO_2 和地下生物量影响。大豆地、马铃薯地、粟地和荒地的地上生物量较高,土壤呼吸作用强烈,土壤溶蚀作用较快。核桃林和枣树林地植物种植较为稀疏,生长速率较缓慢,地下根系主要集中在 1 m 以下,土壤中 CO_2 浓度偏低,试片溶蚀作用较小。

表 5.4　不同土地利用方式的试片溶蚀速率

种植作物类型	溶蚀速率/(mg·(a·cm²))
大豆	0.14
马铃薯	0.29
粟	0.12
核桃	0.07
枣树	0.09
荒地	0.12

在试片溶蚀速率计算的基础上,分析不同土地利用方式下的溶蚀速率(图 5.6)。黄土区不同土地利用方式下,试片溶蚀速率排序为林地>灌丛>草地>耕地>果园,对应数值分别为 7.47、2.44、0.76、0.75、0.19 $tCO_2/(km^2 \cdot a)$。表明随着植被的正向演替,研究区土壤中碳酸盐岩溶蚀作用逐渐增强,且自然状态下的土壤溶蚀量高于有人类活动的土壤。

表 5.5 为青凉寺沟不同试片位置的 CO_2 试片溶蚀速率。从表中可以看出,与试片的溶蚀速率相对应,地表的溶蚀速率明显高于地下,并且随着深度的增加,溶蚀速率逐渐增强。土壤中的溶蚀速率为 0.48 $tCO_2/(km^2 \cdot a)$,明显低于地表的 3.58 $tCO_2/(km^2 \cdot a)$。

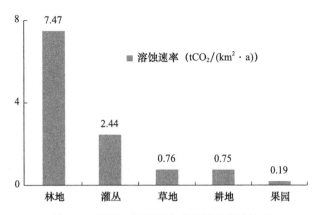

图 5.6　不同土地利用方式下试片溶蚀速率

表 5.5　青凉寺沟不同试片位置的溶蚀速率对比

试片位置	溶蚀速率/(tCO$_2$/(km^2·a))
地表	3.58
地下 20 cm	0.38
地下 50 cm	0.41
地下 70 cm	0.67
平均溶蚀量	0.48

青凉寺沟流域与南川河流域相距 50 km,同属陕西省吕梁市。两者具有相近的气候类型。但是由于不同的地层岩性影响,两者的土下试片溶蚀速率差别明显,南川河为岩溶流域,青凉寺沟为黄土流域。从表 4.3 和表 5.6 的溶蚀速率对比来看,南川河的溶蚀速率明显高于青凉寺沟流域。南川河的溶蚀速率介于 1.69~19.86 tCO$_2$/(km^2·a),平均为 10.21 tCO$_2$/(km^2·a),青凉寺沟流域的溶蚀速率平均仅为 0.48 tCO$_2$/(km^2·a)。一方面,南川河流域处于水源保护区,植被条件较好,调查区中林地、灌丛分布较广,间有少量草地和农田;青凉寺沟流域处于黄土区,植被条件差,主要为耕地、果园和荒草地,植被对土上和土中的溶蚀作用均有促进作用。另一方面,黄土中的碳酸钙含量较高,容易在溶蚀试片表明沉积(图 4.5),造成黄土中的试片质量变化不能正确反映溶蚀过程。因此在黄土中利用溶蚀试片计算碳汇量时应该充分考虑次生碳酸钙沉积的影响。

5.3.3　黄土碳循环水文地质因素

(1)黄土的碳酸盐溶蚀能力

水体 CO$_2$ 分压是反映水体 CO$_2$ 含量和水汽界面 CO$_2$ 交换的重要指标,方解石饱和指数(SIC)、白云石饱和指数(SID)和石膏饱和指数(SIG)是反映水体溶蚀能力的重要指标。从表 5.6 的流域地下水和地表水 CO$_2$ 分压(PCO$_2$)数值可以看出,地下水和地表水的 CO$_2$ 分压平均值分别为 3391 和 5106 μatm。地表水、地下水 SIC 和 SID 均为正值,其中地表水 SIC 和 SID 平均值分别为 0.21、0.97;地下水 SIC 和 SID 平均值分别为 0.38、0.72,均处于过饱和状态。而地表水、地下水石膏饱和指数均为负值,平均值分别为 −2.25 和 −2.03,具有较强的溶蚀能力,这与宋超等(2017)对甘肃省黄土区地下水的研究结果相近(SIC:0.36;SID:0.48;SIG:−2.75)。

表5.6 青凉寺沟饱和指数和CO₂饱和分压

编号		SIC	SID	SIG	$PCO_2/\mu atm$
地表水	LB1	0.16	0.90	−2.10	2570
	LB2	0.20	0.76	−2.20	7079
	LB3	0.28	1.24	−2.45	525
	平均	0.21	0.97	−2.25	3391
地下水	LX1	0.52	0.37	−2.30	4169
	LX2	0.23	0.46	−2.21	9772
	LX3	0.60	0.82	−2.18	5495
	LX4	0.30	0.47	−2.23	4677
	LX5	0.33	0.44	−1.96	4365
	LX6	0.40	0.69	−2.05	2951
	LX7	0.36	0.66	−2.09	5623
	LX8	0.56	1.16	−2.40	2818
	LX9	0.35	0.77	−1.92	5623
	LX10	0.34	0.66	−1.53	7762
	LX11	0.51	1.14	−1.15	11482
	LX12	0.28	0.62	−1.92	5248
	LX13	0.29	0.71	−2.16	4074
	LX14	0.27	0.73	−1.99	3388
	LX15	0.43	1.08	−2.40	1096
	LX16	0.27	0.69	−2.06	3162
	平均	0.32	0.83	−2.15	2549

(2)黄土表生化学风化作用

在表生化学风化中,矿物的抗化学风化能力不尽相同。抗化学风化能力的大小排序大体上遵守鲍温反应序列的逆序列。在黄土中,含 Ca 的碳酸盐矿物、绿泥石、暗色矿物,如辉石等在化学风化的初始阶段就会遭受强烈的淋滤;当风化程度进一步提高,铁镁硅酸盐矿物,如普通角闪石和黑云母则会释放出晶格里的 Fe、Mg,形成次生铁氧化物矿物或富 Mg 矿物,之后长石(主要为钙长石、斜长石)和白云母等开始发生脱 K、Na 作用,而钾长石和石英基本没有变化。

黄土中矿物的不同溶蚀顺序对黄土水化学特性产生重要影响。为了研究黄土中不同类型矿物风化对离子含量的影响,将黄土中的矿物按照碳酸盐类、硅酸盐类和蒸发岩类进行区分,采用离子比值法鉴别风化源区物质。图 5.7a 为水样中 Ca^{2+}、Mg^{2+} 与 Na^+ 标准摩尔比值的变化关系。从图中可以看出,青凉寺沟流域地下水离子组成主要位于硅酸盐矿物风化端元附近,同时向碳酸盐矿物风化和蒸发盐矿物端元延伸;而地表水离子组成更靠近蒸发盐矿物溶解一端,显示蒸发盐矿物溶解对地表水离子组成的贡献。同样,水样中 Ca^{2+}、HCO_3^- 与 Na^+ 标准摩尔比值的变化关系(图 5.7b)也显示相同的规律,这进一步表明青凉寺沟流域水中的离子主要受黄土中硅酸盐矿物化学风化的影响,碳酸盐和蒸发盐矿物也有一定贡献。

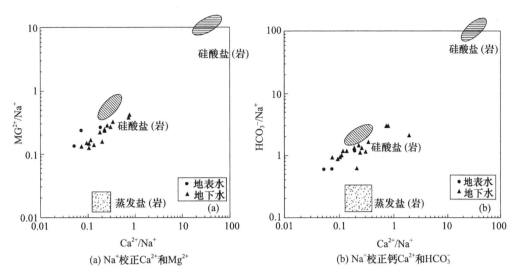

(a) Na⁺校正Ca²⁺和Mg²⁺　　　　　　　　(b) Na⁺校正钙Ca²⁺和HCO₃⁻

图 5.7　Na⁺校正比值分布图

研究区黄土中的碳酸盐含量较高,明显高于洛川、西安东郊等地区。但从水化学成分来看,碳酸盐化学风化对水中的溶解贡献并不大,反而以硅酸盐化学风化贡献最大。分析认为,一方面,这与黄土中矿物存在状态有关,黄土中的矿物大多为颗粒小于 14 μm 的黏土矿物(杨石岭 等,2017),硅酸盐赋存在黏土矿物之上,较小的矿物与水接触面积大,反应充分;另一方面黄土水的滞留时间较长,水-矿物之间反应充分,导致大量的硅酸盐矿物成分溶解进入水体。李红生等(2008)和栾军伟(2010)在鄂尔多斯盆地的南部黄土高原区发现,地下水滞留时间为几百至上万年,在如此长的时间内,易溶性的碳酸盐早已达到溶解平衡,饱和指数达到高值,硅酸盐矿物有充分的时间溶解,造成水体中硅酸盐来源离子比例增加。董维红等(2010)在鄂尔多斯研究得出,铝硅酸盐矿物溶解量为 1.21 mmol/L,而白云石和石膏的化学风化量明显小于铝硅酸盐矿物的化学风化量,仅为 0.36 和 0.21 mmol/L,也证实这一观点。另外,研究区黄土水中 SiO₂平均含量 0.24 mmol/L,是 Xiao 等(Jun et al.,2016)在黄土高原中部 6 个典型小流域平均值(0.01 mmol/L)的 24 倍,这也表明研究区硅酸盐矿物是风化作用较大的原因之一。

风化作用指数 CIA 是反映沉积物风化作用程度的一个重要指标,可以利用其对流域矿物化学风化作用程度进行估算和研究,其定义为

$$CIA = Al_2O_3/(Al_2O_3 + K_2O + Na_2O + CaO^*) \times 100$$

式中,氧化物为摩尔质量百分比;CaO* 是指沉积物中来自硅酸盐中 CaO 的摩尔含量。沉积物的 CIA 值越高,说明流域岩石的化学风化作用越强。Taylor 等(1983)的黄土区数据计算表明,黄土的化学风化作用指数 CIA 为 55~60,而本书计算出的 CIA 值(49.30)接近这一数值。

此外,化学计量方法可以为水样中离子来源提供定性的信息(贺婧 等,2011)。如果 Na⁺来源于岩盐溶解,则 Na⁺/Cl⁻ 的当量比为 1;如果 Na⁺/Cl⁻ 的当量比大于 1,表明过量的 Na⁺可能来自硅铝酸钠风化或者人类输入。已有研究表明,黄土区 Na⁺ 主要来自岩盐溶解和阳离子置换作用(水中 Ca²⁺、Mg²⁺ 与硅酸盐中的 Na⁺ 置换)(Raich et al.,1992)。黄土中 Na⁺ 与 Ca²⁺、Mg²⁺ 的置换反应方程式应为(潘根兴 等,2000a)

$$Na_{2-clay} + (Ca^{2+} + Mg^{2+})_{-water} \leftrightarrow (Ca + Mg)_{-clay} + 2Na^+_{water}$$

式中，Na_{2-clay} 表示黏土矿物中的 Na；$(Ca^{2+}+Mg^{2+})_{-water}$ 表示水体中的 Ca 和 Mg；$(Ca+Mg)_{-clay}$ 表示黏土矿物中的 Ca 和 Mg；Na^+_{water} 表示水体中的 Na。

研究区黄土中大量的黏土矿物为这种阳离子置换提供了条件（潘根兴 等，2000a）。图 5.8a 显示研究区大多数水样中的 Na^+/Cl^- 超过 1，表明过量的 Na^+ 可能受阳离子置换过程的影响。将 $Ca^{2+}+Mg^{2+}-HCO_3^--SO_4^{2-}$ 对 (Na^++Cl^-) 作图，可以验证水中阳离子置换反应是否发生（潘根兴 等，2000b；潘根兴 等，2001）。如果阳离子置换反应发生，那么这些参数之间的关系应该是线性的，并且斜率为 −1.0；如果不存在阳离子置换反应，则所有数据都应该靠近原点。图 5.8b 中呈明显的负相关性（$R^2=0.66$，$P<0.01$），并且斜率为 −1.01，表明硅酸盐中 Na^+ 对 Ca^{2+}、Mg^{2+} 阳离子置换是造成水中过量 Na^+ 的一个因素。

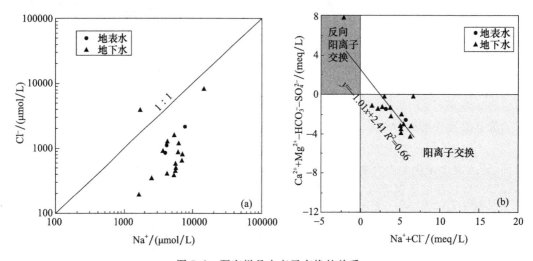

图 5.8　研究样品中离子交换的关系

5.3.4　黄土碳循环发生的生态环境因素

（1）不同植被类型土壤理化性质

不同植被类型土壤基本物理性质与养分含量见表 5.7。土壤有机碳含量在 1.87±0.63 g/kg 到 5.24±5.79 g/kg 间；无机碳含量在 9.84±0.71 g/kg 与 15.24±2.04 g/kg 之间。不同植被类型全氮含量差别较大，在 260.03±16.08 mg/kg 与 558.36±545.0 mg/kg 之间；但不同植被类型下土壤全钾含量基本一致，从 17.54±0.21 g/kg 到 18.57±0.05 g/kg。全磷含量向日葵样地最高（758.33±107.16 mg/kg），高粱地最低（607.33±9.24 mg/kg）。pH 值在各植被类型下均呈弱碱性，其中，高粱地 pH 值最高，为 8.92±0.11；玉米地 pH 值最低，为 8.69±0.12。

将不同植被类型按照作物类别分成果树林地（枣树地、杏树地、核桃树地）、大田作物地（大豆地、玉米地、绿豆地、高粱地、马铃薯地、向日葵地、红薯地）以及荒地三种不同土地利用方式。可以看出，三种土地利用方式下全磷、全钾含量差别不大，平均为 657.49±81.58 mg/kg 和 18.34±1.19 g/kg；土壤有机碳含量在三种土地利用方式下有所不同，大田作物地（2.95±1.19 g/kg）＞荒地（2.63±1.36 g/kg）＞果树林地（2.38±0.78 g/kg）；而土壤无机碳含量大田作物地（14.36±5.17 g/kg）＞果树林地（14.16±1.32 g/kg）＞荒地（12.40±4.04 g/kg）；同样，土壤全氮含量在大田作物地中含量最高（357.04±100.66 mg/kg），其他两种土地利用方式全氮含量大致相同。另外,大田作物地、荒地、林地体积含水量分别为20.12%±4.53%、23.69%±8.07%和19.81%±4.66%。

表5.7　不同植被覆被下土壤基本物理性质与养分含量

土地类型	有机碳 /(g/kg)	无机碳 /(g/kg)	全氮 /(mg/kg)	全磷 /(mg/kg)	全钾 /(g/kg)	pH 值	体积含水量/%
枣树地	2.04±0.77	13.95±1.02	260.03±80.65	667.47±39.07	18.44±0.31	8.86±0.13	18.17±2.56
杏树地	2.65±0.13	15.24±2.04	260.03±16.08	704.67±13.80	18.57±0.05	8.79±0.11	21.12±0.12
核桃树地	2.46±0.86	13.29±1.30	294.08±59.28	667.67±52.45	18.11±0.44	8.75±0.06	20.13±3.78
果树林地	2.38±0.78	14.16±1.32	271.38±69.80	671.67±42.71	18.34±0.38	8.82±0.11	19.81±4.66
大豆地	2.12±0.67	15.10±1.77	297.17±95.97	634.67±50.35	18.11±0.33	8.77±0.06	20.98±5.61
玉米地	3.07±1.44	14.89±3.90	380.75±149.88	687.44±128.14	18.50±0.12	8.69±0.12	18.28±4.20
绿豆地	2.35±0.88	14.41±1.06	306.46±96.51	637.67±77.47	17.54±0.21	8.75±0.08	22.64±0.20
高粱地	1.87±0.63	13.24±0.46	260.03±89.56	607.33±9.24	17.85±0.08	8.92±0.11	19.36±0.18
马铃薯地	5.24±5.79	18.16±8.36	558.36±545.05	662.00±88.79	17.99±0.62	8.72±0.16	17.79±3.27
向日葵地	3.49±1.31	9.84±0.71	390.04±121.44	758.33±107.16	18.46±0.25	8.73±0.10	16.98±0.22
红薯地	2.52±0.61	14.87±0.80	306.46±55.72	684.67±52.29	18.29±0.19	8.85±0.01	24.83±0.15
大田作物地	2.95±1.19	14.36±5.17	357.04±100.66	670.63±100.19	18.21±0.53	8.74±0.13	20.12±4.53
荒地	2.63±1.36	12.40±4.04	286.49±104.61	625.1±66.31	18.55±2.11	8.86±0.11	23.69±8.07
平均值	2.87±2.34	14.10±4.30	333.79±220.70	657.49±81.58	18.34±1.19	8.79±0.13	20.36±6.39

（2）土壤 CO_2 浓度分布特征

研究区各植被覆盖下土壤 CO_2 含量分布特征见图5.9,杏树地土壤中 CO_2 含量显著偏高,其次为大豆、向日葵地等;而绿豆、高粱、马铃薯等根系不发达,地上植被稀疏,其土壤 CO_2 最低;枣树地虽然地表植被稀疏,但是根系发达,地下1 m处仍然保持较高的 CO_2 浓度;而其他类型土壤中 CO_2 含量相差很小,整个剖面在30%～70%之间,并且除向日葵地,其他植被覆盖都在80 cm以下土壤中 CO_2 含量急剧减少。不同植被覆盖下土壤中平均 CO_2 分布差异较大(图5.9)。各剖面中平均土壤 CO_2 含量大小为:大豆地(0.82%)＞杏树地(0.79%)＞向日葵地(0.56%)＞高粱地(0.52%)＞核桃树地(0.49%)＝玉米地(0.49%)＝红薯地(0.49%)＞荒地(0.46%)＞枣树地(0.41%)＞马铃薯地(0.35%)＞绿豆地(0.29%)。

青凉寺沟南北方岩溶区不同土地利用方式下土壤 CO_2 含量如图5.10所示。研究区果树林地、大田作物地、荒地土壤 CO_2 含量变化范围分别为0.210%～0.643%、0.246%～0.603%、0.190%～0.677%。果树林地 CO_2 含量在地下60 cm处达到最大值,而其他两种土地利用方式 CO_2 含量最大值则出现在地下70 cm处。大约在土壤深度80 cm处,三种土地利用方式土壤 CO_2 体积分数突然降低。将研究区不同土地利用方式土壤 CO_2 平均含量与三川河以及乌江上游进行对比发现,土壤 CO_2 浓度均偏低。三川河与本研究区处于同一纬度带,气候条件接近,其中北川土壤类型与研究区相似,同为普通黄绵土;而东川和南川则为碳酸盐岩出露较多的岩溶区,土壤类型为灰岩土(Grace et al.,2000);乌江上游属于亚热带季风性湿润

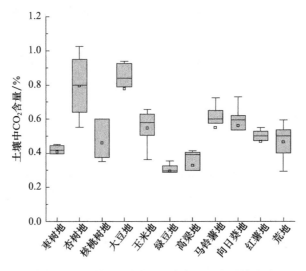

图 5.9 不同植被覆盖下土壤中 CO_2 含量的差异

气候,是典型的喀斯特地貌,流域岩石主要为碳酸盐岩(Sánchez et al.,2003)。研究区与岩溶区气候条件差异较大,乌江上游降雨量大(年平均降雨量为 984.4 mm),气温高(年平均气温为 12.0℃),利于植被生长,土壤微生物活性强,利于土壤呼吸作用。另外,研究区土壤 CO_2 浓度低于同纬度带的三川河,其原因可能是三川河主要植被类型为山杨、白桦、辽东栎、油松等,根系发达。调查表明,三川河土壤有机碳含量较高,平均含量为 11.9 g/kg,在土壤微生物的分解作用下产生较多的 CO_2。

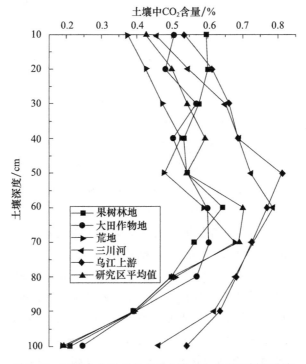

图 5.10 不同土地利用方式下土壤 CO_2 含量的剖面分布

（3）植被类型对土壤呼吸作用的影响

土壤呼吸是碳循环的重要环节。在钙含量高的以黄土、碳酸盐岩为基质的土壤中,土壤呼吸释放的 CO_2 还是参与碳酸盐岩风化的重要部分。不同的植被覆盖凋落物量、特征等可能不同,从而导致土壤中 C 的含量及其循环特征不同。不同的土地利用方式,对土壤的扰动和元素的输入不同,从而也影响土壤中 CO_2 的含量。这种植被覆盖、土地利用类型的差异,可能通过土壤呼吸强度的影响,导致对碳酸盐岩风化以至流域碳循环产生不同的效应。

本节选择几种典型的植被类型、主要的土地利用方式,测定和比较了其土壤呼吸作用强度。从青凉寺沟主要的土地利用方式来看(图 5.11),园地中枣树林的土壤呼吸作用高于核桃林;大田作物中,土壤呼吸作用强度表现为马铃薯地＞玉米地＞小米地。小米种植地土壤呼吸作用最弱。虽然数据测试点在空间上处于流域上、中、下游,但不同测试点的结果表现出较一致的规律。大量的研究结果表示,土壤呼吸作用存在较大的空间、时间异质性,还需要更详细的监测数据才能揭示其对碳循环的影响。

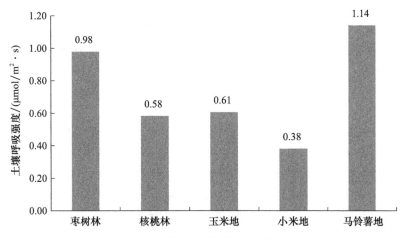

图 5.11　青凉寺沟不同土地利用类型土壤呼吸强度对比

土地利用方式不仅改变了地表植被,而且影响土壤透气性,从而使土壤有机质含量、微生物的组成和活性、根系生物量发生了改变,因此不同土地利用方式土壤呼吸差别较大(李晓光等,2017)。果树林地(核桃树地、杏树地、枣树地)0～20 cm 深度土壤 CO_2 含量高于大田农作物用地(大豆地、玉米地等)和荒地。果树林地自然凋落物较多,特别是一年生草本,每年草本植物都以凋落物方式进入土层表面,使其表层积累了大量的有机碳,在微生物分解作用下,形成的大量 CO_2 存储在土层当中(王晓峰 等,2013;蓝芙宁 等,2017),而在大田作物地中,地上植株极少会回归土壤表层,地上凋落物归还数量明显减少,表层(0～20 cm)土壤有机碳含量相对果树林地显著降低。另一方面,在当前人类活动对自然界的影响越来越大的情况下,土地利用方式的改变对全球土壤 CO_2 排放通量的影响在增大。果树林地土层常年处于免耕状态,土壤密实,透气性较差,土壤 CO_2 较难排到大气中,从而导致土壤中 CO_2 浓度偏高;而大田作物地是有别于果树林地的人工生态系统,其土壤 CO_2 浓度更大程度上取决于农田的耕作管理措施和种植作物的品种(蔡焕杰,2003)。荒地土层扰动小,在深度 60～80 cm 处土壤 CO_2 含量明显高于其他土地利用类型。3 种土地利用方式在土壤 80 cm 处土壤 CO_2 含量突然下降,其原因可能为雨水下渗过程中吸收了土壤 CO_2 后与下部碳酸盐矿物发生作用(程建中 等,2010)。

5.4 黄土碳循环过程追踪

水体中主要元素化学组成主要与物质来源有关,其次是不同的化学反应过程。地表水和地下水中的物质来源主要有 3 种:岩石化学风化、大气沉降和污染物的输入。计算平衡公式见 3.4 节。

计算结果表明,青凉寺沟流域大气沉降、蒸发盐矿物、硅酸盐矿物和碳酸盐矿物化学风化贡献的溶解物质分别占总溶解物质的 8.51%、12.85%、57.57%、21.05%。

与南方硅酸盐岩出露较广的鄱阳湖流域(翟大兴 等,2011)相比较,青凉寺沟流域碳酸盐矿物溶蚀的贡献降低(碳酸盐矿物对流域溶解物质贡献率中,鄱阳湖为 37.8%,青凉寺沟为 21.05%),而硅酸盐矿物对其贡献增加(硅酸盐矿物对流域溶解物质贡献率中,鄱阳湖为 30.0%,青凉寺沟为 57.57%)。其原因一方面可能与黄土中硅酸盐矿物颗粒的存在状态有关,较小的颗粒矿物加速了溶蚀过程,大量的硅酸盐可溶成分进入水体,贡献增加。再者,研究区属于干旱半干旱地区,包气带较厚且补给量有限导致水的循环更新速度缓慢,另外,本研究区蒸发盐矿物来源物质较多。主要有以下原因:一是本区岩层中有容易遭受风化的芒硝以及石盐的存在;二是人类活动影响造成的 Na^+、Cl^-、K^+ 和 SO_4^{2-} 等离子含量增高,并且主要赋存于蒸发盐矿物端元,此处未排除。总之,青凉寺沟流域溶解质主要由硅酸盐矿物风化贡献,碳酸盐矿物风化次之,蒸发盐矿物及大气沉降贡献相对较小。

水中的溶解无机碳(DIC)包括 H_2CO_3、HCO_3^- 和 CO_3^{2-},溶解平衡时各组分在水体中的含量主要由水体的 pH 值决定(Madsen,2010)。研究区地下水的 pH 值分布范围在 7.34~8.46,再结合水化学离子作用,使绝大多数水样 HCO_3^- 占 DIC 的 90% 以上。因此,水中溶解无机碳以 HCO_3^- 为主。其中,地表水、地下水的 DIC 均值分别为 4161.1 和 6571.1 $\mu mol/L$,均高于世界河流的平均浓度 1100 $\mu mol/L$,同样高于典型喀斯特流域-三岔河流域 DIC 平均浓度(2340 $\mu mol/L$)。

大气 CO_2、有机质分解产生的 CO_2(生物成因)和碳酸盐岩溶解(Lee et al.,2004)为河水中 DIC 的 3 种主要来源,河水内的生物光合作用与呼吸作用也会引起 DIC 含量和同位素的波动。

研究区水中 CO_2 分压(地下水和地表水平均值分别为 3391 和 5106 μatm)远高于大气 CO_2 分压,因此可以忽略大气降水输入的 HCO_3^-,认为研究区地下水中 DIC 来源为有机质氧化分解和碳酸盐矿物。河流 DIC 的碳同位素组成变化可以有效地示踪河流溶解无机碳的来源。研究区的地下水和地表水的同位素结果见表 5.1,地表水 $\delta^{13}C_{DIC}$ 变化范围较大,在 $-10.30‰ \sim -5.38‰$,地下水 $\delta^{13}C_{DIC}$ 大约在 $-12.91‰ \sim -7.52‰$。大气降水至地下水出露过程要经过土壤层,土壤层的作用使得 $\delta^{13}C_{DIC}$ 值变轻,而水-岩作用则升高 $\delta^{13}C_{DIC}$ 值。$\delta^{13}C_{DIC}$ 受不同过程控制所导致的变化进行对比可以看出(图 5.12),研究区 $\delta^{13}C_{DIC}$ 都在碳酸盐矿物溶解所产生的理论值附近或高于这个理论值,远高于硅酸盐矿物溶解端元,这也说明由于碳酸盐矿物的风化速率明显高于硅酸盐矿物,碳酸盐矿物明显影响流经水体中同位素的变化(Blum et al.,1998;Barth et al.,2003),显示出碳酸盐风化对 $\delta^{13}C_{DIC}$ 的绝对影响,而硅酸盐矿物溶解的信息很微弱,即使有也被掩盖掉了。因此,研究区 $\delta^{13}C_{DIC}$ 高出碳酸盐岩溶解理论值的特点,是土壤层和水-岩过程综合作用的结果。

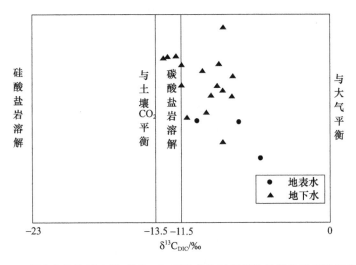

图 5.12　青凉寺沟流域水样 $\delta^{13}C_{DIC}$ 与 DIC 产生过程导致的同位素理论值的比较

另外,地表水 $\delta^{13}C_{DIC}$(−7.58‰)较地下水(−9.85‰)偏正,其可能原因为地表水部分接收大气降水补给,大气降水中的 $\delta^{13}C_{DIC}$ 值为 −8‰~−6‰,平均为 −7‰;而地下水受大气降水影响较小,其 $\delta^{13}C_{DIC}$ 主要是土壤中的 CO_2 与矿物反应的产物。已有研究表明(Kretzschmar et al.,1993),土壤在微生物作用下具有较负的 $\delta^{13}C_{DIC}$ 值,平均为 −23‰;并且土壤 CO_2 溶解水中后,水体的 $\delta^{13}C_{DIC}$ 理论值为 −23‰~−17‰,因此地下水中的 $\delta^{13}C_{DIC}$ 值较地表水偏负。

5.5　黄土碳汇通量估算

考虑到溶蚀试片法在黄土区使用的局限性,本节采用水化学方法计算青凉寺沟的岩溶碳汇通量。计算公式如下:

$$CDR_{ly} = \{[Ca^{2+}]_{car} + [Mg^{2+}]_{car} + 0.5[HCO_3^-]_{car} + [SiO_2]$$
$$+ [Na^+]_{sil} + [K^+]_{sil} + [Ca^{2+}]_{sil} + [Mg^{2+}]_{sil} + [Na^+]_{eva}$$
$$+ [Ca^{2+}]_{eva} + [Mg^{2+}]_{eva} + [Cl^-]_{eva} + [SO_4^{2-}]_{eva}\} \times Q/A$$

式中,CDR_{ly} 表示流域矿物化学风化速率;[X]表示矿物在扣除大气沉降、人为输入后对流域黄土水离子的贡献浓度,其下标 car 表示碳酸盐矿物,sil 表示硅酸盐矿物,eva 表示蒸发盐矿物;Q 和 A 分别代表流域多年平均径流量(m^3/a)和其面积(km^2)。

青凉寺沟多年平均径流量和流域面积分别为 903 万 m^3 和 287 km^2。扣除非岩石风化来源,估算 CDR_{ly} 为 9.31 t/($km^2 \cdot a$)。根据 5.3.3 分析,流域内只有硅酸盐矿物和碳酸盐矿物消耗大气/土壤中的 CO_2,而蒸发盐矿物风化过程中不产生 CO_2 的消耗。首先利用 Galy 模型中的方程(3.4 节)计算出硅酸盐矿物和碳酸盐矿物化学风化对黄土水中 HCO_3^- 的相对贡献率,再计算流域矿物化学风化的大气 CO_2 消耗速率和消耗量。计算结果显示,整个流域矿物化学风化对大气 CO_2 消耗通量为 4.13×10^7 mol/a,即 0.18×10^4 t/a。其中,碳酸盐矿物风化消耗量占 44.5%,为 0.81×10^3 t/a;硅酸盐矿物风化消耗量占 55.5%,为 0.10×10^4 t/a。流域矿物化学风化对大气 CO_2 的消耗速率为 6.34 t/($km^2 \cdot a$),即 144.1×10^3 mol/($km^2 \cdot a$),其中碳酸盐矿物风化速率为 2.83 t/($km^2 \cdot a$),硅酸盐矿物风化速率为 3.49 t/($km^2 \cdot a$)(表 5.8)。

表 5.8　青凉寺沟流域矿物风化速率及 CO_2 消耗量

矿物化学风化速率 /(t/(km²·a))	碳酸盐碳汇速率 /(tCO₂/(km²·a))	硅酸盐碳汇速率 /(tCO₂/(km²·a))	总碳汇速率 /(tCO₂/(km²·a))	碳酸盐贡献 /%	硅酸盐贡献 /%
9.31	2.83	3.49	6.34	44.5	55.5

为了了解岩石(矿物)风化速率的影响因素,将研究区矿物风化速率及 CO_2 消耗量与我国其他流域进行对比(表 5.9),发现研究区矿物风化速率(9.31 t/(km²·a))高于同纬度典型岩溶三川河流域岩石风化速率(7.84 t/(km²·a)),与中国东北嫩江、松花江的化学风化速率处于同一数量级,同时远低于我国长江、乌江流域和全球 60 条大河岩石风化速率的平均值 36 t/(km²·a)。同时研究区矿物化学风化对大气 CO_2 的消耗速率($144.1×10^3$ mol/(km²·a))高于三川河流域($120×10^3$ mol/(km²·a)),低于全球 60 条大河 CO_2 的消耗速率的平均值(246 mol/(km²·a))。

表 5.9　岩石(矿物)化学风化消耗 CO_2 速率及通量对比

流域	年平均温度 ℃	年平均降雨量 mm	碳酸盐(矿物)风化 t/(km²·a)	硅酸盐(矿物)风化 t/(km²·a)	岩石(矿物)风化速率 t/(km²·a)	CO_2的消耗速率 10³ mol/(km²·a)	数据来源
青凉寺沟流域	8.8	437.3	2.83	3.49	9.31	144.1	本研究
三川河流域	9.2	467.7	—	—	7.84	120	本研究
黄河	—	—	9.92	2.02	36.46	169	Fan,2014
长江	—	—	55.86	5.25	64.99	611	Gaillardet et al.,1999
松花江	4	500	5.15	2.23	7.38	120	刘丛强 等,2008
第二松花江	4	664	13.50	4.74	18.24	268	刘丛强 等,2008
嫩江	3	455	3.31	1.39	4.70	75	刘宝剑 等,2013
珠江流域	20	1000~2000	74.53	6.87	—	620.36	覃小群 等,2013
乌江流域	14.6	1163	65	6	108.5	902	刘丛强 等,2008
雅砻江	16	1000	42.0	6.5	—	281	Li et al.,2014
清水江流域	14	1050	20.16	11.77	109.97	725	吕婕梅 等,2016
碧水岩流域	19.9	1685.5	81.51	13.46	93.10	853.02	邹艳娥,2016
沁河	14.4	578.5	8.47	0.07	16.92	146	张东 等,2015
亚马孙河	—	—	—	11.08	13.04	49.15	157	Mortatti et al.,2004
全球 60 条河流	—	—	—	—	36	246	Gaillardet et al.,1999

岩石和矿物的本身性质、气候条件,如降雨量、气温都影响岩石(矿物)风化速率。降雨量和温度对硅酸盐岩(矿物)风化速率和碳酸盐岩(矿物)风化速率均存在正相关关系。降雨量与硅酸盐岩(矿物)风化速率和碳酸盐岩(矿物)风化速率的相关系数分别为 0.7697 和 0.8914,而温度与硅酸盐岩(矿物)风化速率和碳酸盐岩(矿物)风化速率的相关系数分别为 0.3776 和 0.6623(图 5.13)。总体上来说,降雨量越大,温度越高,风化速率越大,并且降雨量的影响要高于温度,这与 Zhang 等(2003)认为化学风化率与降水具有较强正相关性的观点一致。明显看出,降雨量和温度这两个因素对硅酸盐岩(矿物)风化速率和碳酸盐岩(矿物)风化速率的影响不同,相比之下,碳酸盐岩(矿物)受降雨量和温度的影响更大,比硅酸盐岩(矿物)更容易风化,这表明了岩石和矿物本身的性质对流域岩石(矿物)风化速率的影响。综上所述,流域的化学风化速率和碳汇能力不仅取决于流域内岩性特征,也取决于流域降雨量和温度。研究区和嫩江、松花江的年平均

降雨量较为接近,因此具有同一数量级的岩石(矿物)风化速率,而长江、乌江等流域无论是年平均降雨量还是年平均温度都高于研究区,因此研究区在岩石化学风化速率和 CO_2 的消耗速率都远远小于这些流域。虽然研究区水体中的离子总量远高于全球平均离子含量,但是其黄土矿物的风化速率却低于全球岩石的化学风化率平均值,其主要原因有两点:一方面为流域内硅酸盐矿物占绝大比例,而硅酸盐矿物抗风化能力强,其风化速率远低于碳酸盐矿物;另一方面,研究区位于黄土高原区,蒸发作用强烈,年平均蒸发量是年均降雨量的 4.9 倍,这是导致青凉寺沟流域化学风化作用较弱的主要原因。

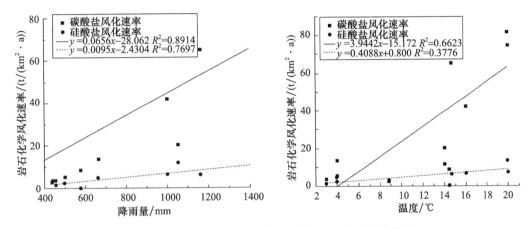

图 5.13　岩石(矿物)风化速率与降雨量、温度之间的关系

5.6　小结

青凉寺沟位于山西临县西、吕梁山以西,是黄土高原的西缘。黄土覆盖层厚度 30～120 m,流域下部为三叠系砂岩、粉砂岩,相对隔水。底部第三纪红黏土渗透性较差,水-土作用时间长,是矿物-水反应的主要场所。

区内黄土下部一般为三叠纪砂岩、页岩。其中,页岩含有较多黏土矿物和石英、长石、云母等碎屑矿物,底部三叠纪砂岩是主要阻水层位,大部分地下泉水出露于这一层。该区黄土分布较多,地层相对简单,流域边界清楚,成为研究黄土区水土相互作用和碳循环的理想区域。青凉寺沟流域是柳林泉域西北部一个地表河流,地表水经青凉寺沟直接汇入黄河,是黄河的二级支流。流域总控制口杨家坡水文站控制集水面积 287 km²,黄土丘陵沟壑区占集水面积的 98.9%。

本区主要为黄土丘陵地形,分布第四系风积、冲积孔隙潜水和黄土裂隙孔洞潜水等。各类地下水主要补给为大气降水,黄河是地下水排泄总渠道。河谷滩地区孔隙潜水在梁家会到杨家坡河段为中等富水区,块状基岩裂隙潜水分布在紫金山一带,基本为贫水区,可作当地人畜饮用水源。

研究区地表水的 pH 值平均为 8.04,地下水的 pH 值平均为 7.82,表现为偏碱特点。青凉寺沟的阳离子总当量浓度高于世界 60 条大河的均值,也高于研究区同纬度典型温带半干旱北方岩溶流域——山西马刨神泉流域。黄土中矿物结构分散、颗粒细小、水-土接触面大,矿物溶蚀作用充分,可能是造成黄土水中离子含量较高的原因。

流域水化学类型地表水为重碳酸硫酸-钠型（$HCO_3 \cdot SO_4$-Na），地下水为重碳酸-钠型（HCO_3-Na），反映出青凉寺沟流域为"岩石风化类型"，说明其离子成分主要来源于矿物的风化过程，矿物的风化作用对该区水化学离子组成的影响较为显著。此外，大气沉降、蒸发盐矿物、硅酸盐矿物和碳酸盐矿物是地表和地下水体重离子的主要来源，其中大气沉降、蒸发盐矿物、硅酸岩矿物和碳酸岩矿物化学风化贡献的溶解物质分别占总溶解物质的 8.51%、12.85%、57.57%、21.05%。

同纬度南川河的试片溶蚀速率平均为 10.21 $tCO_2/(km^2 \cdot a)$，青凉寺沟流域的溶蚀速率平均仅为 0.48 $tCO_2/(km^2 \cdot a)$，南川河溶蚀速率明显高于青凉寺沟流域。这是由于南川河流域植被条件较好，生物量大，而青凉寺沟流域植被条件差；并且黄土中的碳酸钙含量较高，容易在溶蚀试片表明沉积，造成黄土中的试片质量变化不能正确反映溶蚀过程。因此在黄土中利用溶蚀试片计算碳汇量时应该充分考虑次生碳酸钙沉积的影响。

黄土的地表水和地下水饱和指数均为负值，表明具有较强的溶蚀能力。研究区黄土中的碳酸盐含量较高，明显高于洛川、西安东郊等地区。但从水化学成分来看，碳酸盐化学风化对水中的溶解贡献并不大，反而以硅酸盐化学风化贡献最大。分析认为，一方面这与黄土中矿物较小的存在状态有关；另一方面黄土水的滞留时间较长，水-矿物之间反应充分，导致大量的硅酸盐矿物成分溶解进入水体。

与南方硅酸盐岩出露流域相比，青凉寺沟流域碳酸盐矿物溶蚀的贡献降低，硅酸盐矿物对其贡献较大。一方面黄土中硅酸盐矿物较小的颗粒矿物加速了溶蚀过程，另一方面区域包气带较厚且补给量有限导致水的循环更新速度缓慢，两个原因造成青凉寺沟流域溶解质主要由硅酸盐矿物风化贡献，碳酸盐矿物风化次之，蒸发盐矿物及大气沉降贡献相对较小。

流域碳汇计算结果显示，整个流域矿物化学风化对大气 CO_2 消耗通量为 0.18×10^4 t/a。其中碳酸盐矿物风化消耗量占 44.5%；硅酸盐矿物风化消耗量占 55.5%。流域矿物化学风化对大气 CO_2 的消耗速率为 6.34 $t/(km^2 \cdot a)$，这一数值高于三川河流域（120×10^3 $mol/(km^2 \cdot a)$），但是低于全球 60 条大河 CO_2 的消耗速率的平均值。

第6章 山东玉符河流域岩溶碳循环及碳汇效应

6.1 研究区概况

6.1.1 位置及交通条件

玉符河流域是济南市岩溶大泉的主要补给区,位于济南市的南部,地理坐标为东经116°45′～117°12′,北纬36°21′～36°35′,属于黄河二级支流。其主要支流三川河与泉泸河均属常年性山溪。三川河于仲宫镇汇入卧虎山水库,出库后始称玉符河。玉符河流域地处泰山北麓到黄河之间的广大地区,涵盖柳埠镇、西营镇、锦绣川乡、仲宫镇、长清区等5个区域。距离济南市区 10 km,京沪高速、济泰高速、京台高速贯穿全区域(图 6.1)。

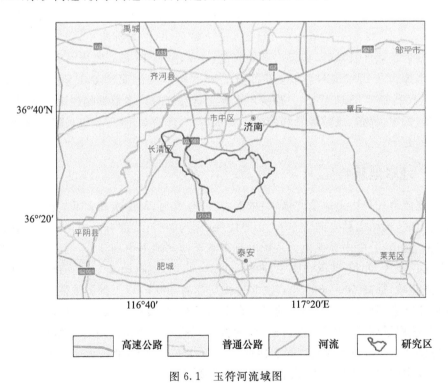

图 6.1 玉符河流域图

6.1.2 气象水文条件

玉符河流域地处泰山北麓山区,属暖温带大陆性季风气候。春季干燥少雨,夏季炎热多雨,秋季天高气爽,冬季严寒干燥。据济南市气象局资料,历年平均气温为 12.6 ℃(1956—2017 年),

流域内多年平均降水量为 741.3 mm,多年平均陆地水面蒸发量为 1430 mm。降水量季节分配不均匀,70%以上集中在 7、8、9 月份,12 月至翌年 3 月较少。平均径流深 120 mm,年平均径流量为 0.0864 亿 m³。北部平原区年平均降雨量为 650~700 mm;南部山区稍多,为 700~800 mm;流域多年平均年径流深为 175 mm,折合年径流量为 1.26 亿 m³。变质岩区渗流系数为 0.1,岩溶区渗流系数为 0.225。玉符河河道平均比降 9/1000,流域河网密度 0.26 km/km²。

玉符河主要由三条大河和两个水库组成,分别是锦绣川、锦阳川和锦云川,以及锦绣川水库和卧虎山水库。河源区山峰梯子山,海拔 976 m。由河源至卧虎山水库为上游,长 36 km,河道平均比降 15.8/1000。河流由南向北流至历城西营转向西流,穿过锦绣川水库,经仲宫南至郑家庄,锦阳川由左岸注入。锦阳、锦云二川合流后,西北流与锦绣川会合,以下始称玉符河,西流经卧虎山水库,进入玉符河中游河段。卧虎山水库至罗而庄南津浦铁路桥为中游,长 18 km,河道平均比降 6.1/1000,河槽展宽,北流入党家街道和陡沟街道境内,经丰齐一带至古城村南,折向西北于北店子村注入黄河。干流长 40.4 km(全河,包括锦绣川长达 95.7 km),流域面积 755 km²。玉符河流经渴马崖时河水大量渗入地下,遂变为季节河。丰齐以下河道逐渐恢复明流。下游建有睦里闸,是小清河源头,有放水闸口,可向小清河注水。玉符河下渗的河水是济南诸泉的来源之一。

锦绣川位于三川最北,又称北川。主源在章丘佛峪之东山下石壁玲珑泉。西流经林枝村南入境至枣林,锦绣川全长 36 km,流域面积 221.6 km²,为三川中最长者,一般作为玉符河上游干流。锦阳川,位于仲宫、锦绣川之南,又名南川。源于柳埠长城岭下的窝铺峪,锦阳川河槽宽 50~220 m,全长 32 km,流域面积 181.9 km²。锦云川,又名锦银川,居三川南端。源于长城岭之阴历城区高而乡长城岭,锦云川平均河宽 20 m,全长 16 km,流域面积 55.2 km²。

卧虎山水库位于历城区仲宫镇,玉符河上游。控制流域面积 557 km²,原设计总库容 11640 万 m³,兴利库容 5863 万 m³。锦绣川水库坐落在锦绣川乡黄钱峪庄南锦绣川的峡谷处,为防洪、灌溉、发电、养鱼、旅游综合利用的中型水库,总库容 3778 万 m³,兴利库容 2892 万 m³,防洪库容 778 万 m³。

6.1.3 地形地貌特征

玉符河流域地处鲁中山地的北缘,南依泰山,北临黄河,地形南高北低,变化显著。南部为绵延起伏的山区,泰山山脉走向近东西,山势陡峻,深沟峡谷;北部有燕山期侵入的辉长岩体分布,形成华山、鹊山、卧牛山等孤山。系统内自东南至西北地形由高渐低,地貌成因类型依次为低山区、残丘丘陵区、冲积-洪积平原区、冲积平原区、岩溶地貌(图 6.2)。南部为绵延起伏的中低山区,山势陡峻,标高 600~800 m。往北过渡到标高 300 m 以下的剥蚀残丘和丘陵山体,由于岩石抗风化能力不同,形成阶梯式地形。在低山、残丘丘陵区,广泛分布碳酸盐岩,形成一系列岩溶地貌,顺层缓坡可见溶沟、溶槽地形,陡坡不同高程分布有溶洞和落水洞。中北部为山前冲积-洪积倾斜平原,地势为南东高北西低,坡度一般 5°~10°,绝对标高一般 25~50 m。冲积扇沉积厚度由南向北逐渐增大,北部黄河冲积平原相接。

冲积平原地貌分布于研究区北部沿黄地带的平原区,在构造上为自新生代以来处于长期缓慢沉降的下陷区,地势较为平坦。

山前冲洪积倾斜平原地貌主要分布在山前一带,属抬升山区和相对下降平原区的过渡区,地形坡度较大,冲洪积物质颗粒较粗,沟谷较发育。

构造、剥蚀中低山、丘陵地貌主要位于泉域南部中低山、丘陵区。该区为长期处于缓慢抬升地区,以构造剥蚀为主,加之地层为单斜产状,易形成单面山地形,是泉域岩溶地下水的补给区。该地区广泛分布碳酸盐岩地层,在地表、地下水等因素共同作用下,岩溶地貌发育。

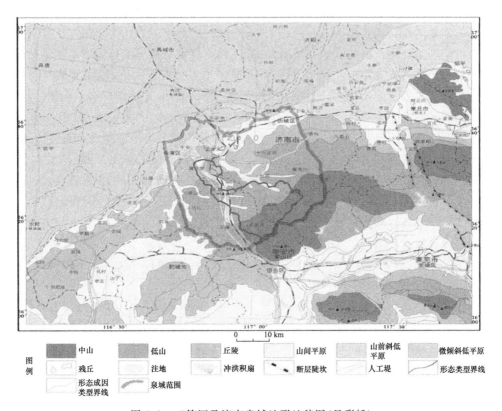

图 6.2 玉符河及济南泉域地形地貌图(见彩插)

6.1.4 土壤与植被特征

结合文献与植被样方调查资料,植被类型的划分遵循《中国植被》和《山东植被》的分类原则和分类系统。济南玉符河流域的自然植被包括针叶林(包括温性针叶林、侧柏林、油松林)、落叶阔叶林(杨树林)、落叶阔叶林灌丛(温性落叶阔叶灌丛、荆条灌丛)及草丛(禾草草丛)。栽培植被包括落叶林、落叶经济林、桃林、核桃林、香椿林、大田作物、玉米、小米等。流域森林植被丰富,总面积约 4.59 万 hm²,人工林主要以黑松、侧柏、刺槐、麻栎、君迁子、连翘、黄栌、榔榆、白蜡、山合欢等为主,共计千余种,其中木本植物 300 余种,草本植物 800 余种。

由于人类活动的强烈干扰,流域内植被以人工林为主,但植被在空间上的分布与地形有较紧密的相关性。流域中部至东部和东南部山区是流域的主要补给区,主要分布的是森林,其中绝大部分是植树造林形成的人工林,局部区域分布有天然次生林;在村庄附近或者坡度不大的山区分布的是灌丛。森林主要是人工种植的侧柏林,广布于流域内各处山区,从泰山北缘一直到济南城区公园的山坡均有分布,且是流域排泄区的城区公园里的主要植被类型。其他森林类型面积不多,仅有零星分布,如泰山北缘泉域地表分水岭山区有少量油松林分布,东部地表分水岭跑马岭一带有部分侧柏和毛黄栌形成的针阔叶混交林。在一些村庄附近的荒地和少量的农地种植着人工杨树林。

山区荒坡分布有一定面积的灌丛,基本都是以荆条为主或者荆条和酸枣形成共优种的灌丛,以流域中部卧虎山水库-锦绣川水库一线以南的低海拔山坡为主。

山区低坡位发展了大量的果园,主要是各品种的桃园以及核桃园。在靠近村庄的耕地区,也发展了一定量的核桃园和桃园。

流域排泄区主要是广泛的农地和城市建成区,其中保留有植被的是城市南侧的公园,主要分布前述的侧柏林。中北部的冲积-洪积倾斜平原区主要是农作物区,基本无成片自然植被。由于植树造林政策的推广,大部分区域荆条灌丛里已种植侧柏,正逐渐发展成侧柏林。

玉符河流域的主要土类有棕壤和褐土两大类。褐土是本区主要土类,面积占80%以上,土层薄(小于30 m)、结构差、持水力低、肥力差。土壤总孔隙度与渗透能力有直接关系。土壤总孔隙度和非毛管孔隙度大的,其渗透能力强。土壤容重越大,渗透能力越弱;反之,土壤容重越小,其渗透能力越强。由于成土母质所致,南部山区土层中砂砾、石块含量较高,从而影响土体对降水的贮蓄能力,但林地土壤一般均有1~5 cm厚的枯枝落叶层覆盖,表土疏松,富含有机质,为轻壤和中壤,有利于水分入渗。

玉符河流域地处济南城区及济南与泰山市之间,虽然山地多平地少,但土地开发程度较高,斑块破碎化明显,土地利用类型较为复杂交错。根据遥感解译结合地面实地调查的结果可得,玉符河流域主要由耕地和林地构成。

随着经济社会高速发展,政府和公众的科学发展、生态文明意识日渐增强,生态环境改善指示指标之一的林地面积逐年稳步增长。济南市历年森林资源状况、环境状况公报、环境质量简报等资料显示,全市林地面积从2004年的315.89万亩,增加至2015年的424.42万亩;森林覆盖率也相应地从23%增加至35.24%,增长了1.53倍(图6.3)。

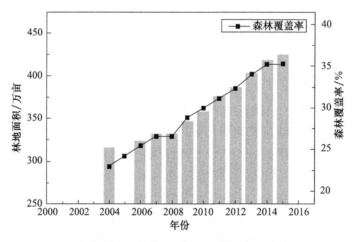

图6.3 2004—2015年济南市林地面积和森林覆盖率变化

6.1.5 社会经济发展及与碳循环相关的人类活动概况

岩溶地区特有的地球化学条件、地表地下岩溶形态及人为不合理使用,给岩溶区带来干旱缺水、水土流失、森林退化、地下水污染等环境水文地质问题,间接或直接影响该地区岩溶碳汇过程。作为泉域的主要补给区——玉符河流域,地跨历城、市中、槐荫和长清4区,总人口数243.09万。区域主要工业为建筑材料、化工、机械制造、纺织;农业分布在山前平原区和低山丘陵区,前者主要以粮食作物为主,后者以蔬菜、果木为主。流域内旅游资源丰富,拥有涌泉、突泉、苦苣泉等名泉,红叶谷、九如山等景区,以及伴随景区产生的农家乐资源等。旅游开发一方面给本区带来了经济效益,但另一方面因旅游资源特别是地貌景观旅游资源的不合理开发,对当地自然环境产生了某些不良影响。工业、农业和旅游业的发展对济南岩溶泉域水化学组成产生明显的影响,济南泉域内 SO_4^{2-} 的增加主要是由于大气降水和工业排放废水中含有的 SO_4^{2-};Cl^- 主要来源于生活污水中的 $NaCl$、农业活动施肥以及纺织、印染行业的污水排放;NO_3^- 则同样受生活污水、工业废水以及农业生产活动的影响。南部山区以碳酸盐岩为主,是 Ca^{2+}、Mg^{2+} 的重要补给来源,开采山石和水泥行业产生的粉尘随雨水渗入地下水,溶解产生 Ca^{2+}、Mg^{2+},导致岩溶水硬度升高。

济南市自进入 21 世纪以来经济、社会建设成绩斐然,根据历年经济和社会发展公报的数据,全市户籍人口从 1997 年的 549.2 万人增长至 2017 年的 643.62 万人,20 年间增长了近 100 万。全市 GDP 从 1997 年的 732 亿元人民币,至 2017 年已突飞猛进的 7201.96 亿元人民币,20 年间增长了近 10 倍。城市建成区面积也从 1997 年的 115 km^2 增至 2017 年的 530.8 km^2,增长了 4.62 倍。

6.2　研究区流域边界的确定及子流域划分

6.2.1　流域边界

玉符河流域地处鲁中山地的北缘,南依泰山,北临黄河,以泰山为分水岭,地表水及地下水均向北流,山区岩溶地形发育,基岩裸露,沟谷纵横,降水大部分被吸收渗入地下,地表径流较差,是奥陶系及寒武系岩溶水的补给区。补给区与排泄区地形的高差很大,且相距很近,径流条件很好,地下水的循环交替作用强烈。燕山运动形成区域性褶皱、断裂,伴随岩溶发育,形成裂隙岩溶水。发源于历城南部山区的锦绣、锦阳、锦云三川,汇入卧虎山水库,流出水库后始称玉符河。玉符河全长 95.7 km,流域面积为 755 km^2,流域总出口催马庄站覆盖的整个流域面积 638 km^2(其中碳酸盐岩分布面积 428 km^2)。玉符河上游河道内常年有水,自寨而头村以下由于河水下渗补充地下岩溶水,地表水流量明显减小,偶有几处水流量变大,可能是外源水的汇入导致,至渴马村变为季节性河道,经常出现干河谷。古老变质岩系组成的泰山山脉为区域地表水和地下水的分水岭。古生界寒武系、奥陶系碳酸盐岩地层呈单斜状覆于变质岩系之上,向北倾斜,至北部隐伏于山前第四系地层之下。市区及东、西郊有燕山期火成岩体大片分布;西部玉符河以西沿黄河地带和东梁王庄以北至章丘的埠村、文祖一带,石炭、二叠系地层假整合于奥陶系地层之上,呈北西-南东向分布。这一特定的地形、地质、构造条件,控制了该区含水层的空间分布规律,地下水的运动、循环条件以及富水状况。

6.2.2　含水介质特征

根据含水介质的特点以及地下水在含水层中的运动、储存的特点,玉符河流域可划分为 4 大含水岩组:松散岩类孔隙含水岩组、碳酸盐岩裂隙岩溶含水岩组、碎屑岩夹碳酸盐岩岩溶裂隙含水岩组、基岩裂隙水。

(1)松散岩类孔隙含水岩组。在研究区分布广泛。主要分布在玉符河下游、山前河流形成的冲洪积平原和山区河谷地带。在断块凹陷地带均沉积较厚的第四系松散堆积层,孔隙潜水和承压水分布于此。山前地带为冲洪积扇,除大气降水和冲积层径流补给,尚有岩溶水顶托补给,一般富水性很强。另有冲积层孔隙水分布在山间河谷平原,部分山地、丘陵主谷谷底。山间盆地河谷平原的含水层岩性主要为砂砾石,埋深小于 15 m,涌水量大于 1000 m³/d。

(2)碳酸盐岩裂隙岩溶含水岩组。该含水岩组主要为寒武系张夏组及奥陶系含水岩组,在各断块北部呈单斜产状分布,地形多为低山、丘陵,北部为山前倾斜平原或残丘。主要岩性为石灰岩,因其厚度大,出露广泛,故裂隙岩溶发育良好,连通性强,形成一个含水整体。但由于各部位所处构造、地貌和岩性不同,岩溶水赋存条件和富水性差异较大。寒武系凤山组、下奥陶系和部分中奥陶系岩层裸露的低山和丘陵区,为岩溶水补给径流区,由于地表岩溶发育造成地表径流漏失,地下水位埋藏深(>50 m),富水性弱,单井涌水量一般小于 500 m³/d。

(3)碎屑岩夹碳酸盐岩岩溶裂隙含水岩组。由寒武系馒头组及炒米店组的灰岩组成。由于含水层灰岩与页岩成夹层或互层,故裂隙不发育,富水性差,单井出水量一般小于 100 m³/d。裂隙水主要赋存于二叠系及三叠系碎屑岩中,含水层在地表没有出露。在构造、地形适宜的地段,单井出水量也可达 100~500 m³/d。该含水岩层分布的地势一般较高,且有页岩隔水,相互无水力联系,因此地下水无统一的水面形态。

(4)基岩裂隙水。赋存于太古界变质岩和火成岩风化带内,岩性包括黑云斜长片麻岩、斜长角闪岩、角闪斜长片麻岩及黑云变粒岩等变质岩系。属于网状裂隙水,涌水量一般小于 100 m³/d,水位受地形控制和季节影响明显。

6.2.3　补给、径流、排泄条件

(1)补给条件

大气降水补给为区域地下水和地表水的主要补给源。岩溶地下水位、泉水流量的变化与降水过程关系密切。降水过程相对集中的 7—9 月,岩溶水位普遍上升,泉水流量增大;枯水期(4—6 月)则地下水位最低,泉流量最小。但二者并非完全线性关系,岩溶地下水具有短期集中降水补给,长期排泄消耗的特点。据《济南地区优质地下水供水文地质调查报告》和《济南市保泉供水文地质勘探报告》,大气降水入渗量为 44.16 万 m³/d。

根据优质地下水报告可知,农业灌溉主要位于西郊农业区,农业灌溉开采量 2770.75 万 m³/a,入渗系数为 0.3,算得回渗补给量为 831.23 万 m³/a(2.28 万 m³/d)。

流域内均有部分河段(奥陶系灰岩分布区)具强渗漏性,如玉符河寨而头至罗而庄铁路桥强渗漏段。在丰水期河道内水体迅速渗漏补给岩溶地下水,在枯水期该河段以岩溶干谷的形式存在。同时,玉符河、北大沙河中上游沿河皆存在直接覆于灰岩之上的粗砂夹卵砾石含水层,二者之间几无隔水层。随着丰水期结束,地表水补给减少甚至消失,砂层孔隙水开始渗漏补给地下岩溶水,位于强渗漏带的砂层水首先疏干,而河流上游非碳酸盐岩分布区储量丰富的砂层水,在枯水期仍可持续补给岩溶地下水。根据优质地下水报告,河流渗漏补给量为7.23 万 m³/d。

(2)径流条件

岩溶水的运动方向和地形及岩层的倾斜方向大体一致,在接收各种形式的补给后由南向北运动。当地下水运动至山区与平原交接地带,在北部受下伏火成岩体或弱透水的石炭、二叠系地层阻挡,运移方向有所改变并承压形成岩溶水富集带。

（3）排泄条件

济南市岩溶水的排泄方式主要有人工开采、泉水排泄、矿坑疏干排泄、地下径流排泄等。

人工开采排泄主要包括农业灌溉开采、农业生活用水开采、工业自备井开采和水源地开采4 部分，是流域岩溶水的主要排泄方式。随着经济社会发展，20 世纪中后期地下水开采量急剧增加，由 1950 年代的不足 10 万 m³/d 猛增到 1990 年代的近 80 万 m³/d。这袭夺了以泉水形式排泄的岩溶水，造成地下水水位下降，导致泉流量降低甚至断流。进入 21 世纪后，随着"保泉"工作的开展，改用黄河水为城区供水主水源，关停市区水厂及部分自备井，压减东西郊水厂开采量等措施落地，岩溶地下水开采量大大降低。

泉水排泄主要以趵突泉、黑虎泉、珍珠泉和五龙潭等 4 大泉群排泄为主。20 世纪 50 年代，泉排量可达(30～35)万 m³/d。此后随着人工开采的进行，二者呈此消彼长的关系。因开采量过大，1970—2000 年，泉水时有断流现象发生。2003 年以来，在"保泉"背景下四大泉群得以常年喷涌。

钻井开采量主要为流域内村庄钻孔提水量，用于饮用水和灌溉用水；或者引用地表水资源用于灌溉用水的量。

地下水径流排泄量根据保泉供水报告和优质地下水报告确定，流域内地下水排泄补给量为 1.46 万 m³/d，是流域内的重要排泄量。

6.3　岩溶碳循环特征及影响因素分析

6.3.1　岩溶碳循环特征及端元分析

（1）岩石风化源区物质鉴别

图 6.4 为采样点的水化学 Piper 三线图。根据图中数据，玉符河流域河水中阳离子主要以 Ca^{2+} 为主，占总阳离子组成的 54.2%～85.1%，平均为 70.93%；其次为 Mg^{2+}，占总阳离子组成的 8.2%～48.5%，平均为 24.6%。玉符河流域以 HCO_3^- 和 SO_4^{2-} 为主要阴离子，分别占总阴离子组成的范围为 42.8%～66.7% 和 20.9%～42.2%，对应的平均值分别为 56.6% 和28.8%，玉符河流域水化学类型主要为 $HCO_3 \cdot SO_4$-Ca 型。

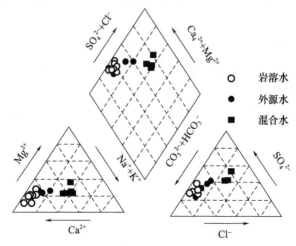

图 6.4　玉符河流域水化学组成 Piper 三线图

影响水体中物质组成变化的首先是物质来源,其次为不同的化学反应过程(郎赟超 等,2005)。但物质来源多数情况下受自然条件(大气降水、土壤和岩石等)和人为活动(农业、工业和生活污水等)的共同影响(Helena et al.,2000)。Gibbs 图可以清楚地反映出水域水体的离子特征及其成因。图 6.5 中中间部位表示水体的水化学特征主要受水岩作用控制,本次调查取样点全部处于这一区域,水体中各元素的主要来源于水岩作用。Ca^{2+} 与 HCO_3^- 的相关性系数为 0.90,与 SO_4^{2-} 的相关性系数为 -0.23。虽然石膏经常会伴随白云石产生,会存在石膏风化产生的 Ca^{2+} 和 SO_4^{2-}(万利勤,2008),但是该流域的地层中并未发现石膏地层,故该流域可认为是以碳酸溶蚀为主。混合水取样点主要位于玉符河流域中下游,调查时水体受人为污染较为严重,生活污水排入、农业生产化肥的使用以及周边小型工厂的工业废水均为 Na^+、Cl^-、SO_4^{2-} 浓度大幅增长的主要原因。

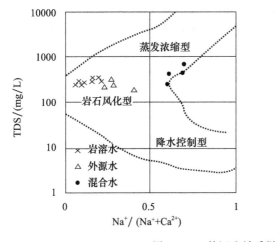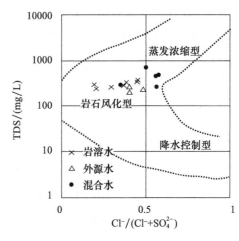

图 6.5　玉符河流域采样点处河水 Gibbs 图

由于混合水受人为影响较大,Na^+、Cl^-、SO_4^{2-} 浓度变化较为明显,根据水源类型不同可以发现,岩溶水中 $Ca^{2+}+Mg^{2+}$ 占阳离子组成最高,在 89.3%～97.0%,平均值为 93.3%;其次为外源水与岩溶水混合后的地表水(简称混合水),平均值为 88.5%;外源水中 $Ca^{2+}+Mg^{2+}$ 占比最低,平均值降为 86.6%。混合水中 Na^+ 与 Cl^- 相关性系数为 0.975,因 K^+ 浓度较岩溶水和外源水变化不大,故碳酸风化硅酸盐岩产生的 Na^+ 浓度可大致由 $[Na^+]_{si}=[Na^+]-[Cl^-]$ 计算得到,由此可对人为活动产生的 Na^+ 进行扣除。Na^++K^+ 两离子毫摩尔当量百分数在上述三种水源类型中依次为:岩溶水中仅为 6.7%,混合水中达到 11.5%,外源水中升高到 13.4%。岩溶水、混合水与外源水中 HCO_3^- 在阴离子组成中的占比分别为 59.0%、55.8% 和 54.3%。SO_4^{2-} 和 Cl^- 两种离子带有明显人类活动影响特征,在上述三种水源类型中均表现为依次增大,其中 SO_4^{2-} 在岩溶水、外源水与混合水的占比分别为 26.9%、30.3% 和 36.5%,Cl^- 的占比分别为 7.1%、11.0% 和 24.1%,说明从上游到下游人为污染逐渐加重。根据不同类型水源中离子组成变化可以发现,岩溶水主要为 HCO_3-Ca 型;外源水为 HCO_3-Ca 型或 HCO_3-Ca·Mg;混合水为 HCO_3·SO_4-Ca 型。

(2)不同性质水源水化学特征演化

岩盐的溶解是北方地区岩溶水中 Na^+ 和 Cl^- 的主要来源之一。尤其是 Cl^-,由于该区地层缺乏其他含 Cl^- 矿物,除人为活动排入,岩盐的溶解经常是岩溶水中 Cl^- 唯一来源,Cl^- 经常被当作保守元素计算岩溶水的混合作用(贾振兴 等,2015)。按岩盐溶解化学式($NaCl=Na^++Cl^-$)

来看,Na^+/Cl^- 比值应为 1,岩溶水中 Na^+/Cl^- 平均比值为 0.95,Na^+ 与 Cl^- 相关性系数为 0.975,故可以确定岩溶水中的 Na^+、Cl^- 来自于岩盐的溶解,此外存在轻微人为污染。外源水中 Na^+/Cl^- 平均比值分别达到 1.26,是由于该过程中主要发生硅酸盐岩的溶蚀及 Ca^{2+} 和 Na^+ 离子交换反应($2Na^+ + Ca_x \leftarrow 2Na_x + Ca^{2+}$),因岩溶水与外源水中 Ca^{2+} 浓度远高于 Na^+,故反应向左进行,水体中 Na^+ 浓度升高。从混合水中离子的变化规律来看,相比岩溶水中 Ca^{2+} 平均浓度(71.6%),混合水中 Ca^{2+} 浓度明显下降,平均浓度仅为 49.5%,这是由于 $CaSO_4$ 溶解度较小,混合水中 SO_4^{2-} 浓度升高,导致水体中 Ca^{2+} 浓度下降;同时岩溶水流至混合水经历较长时间 Ca^{2+} 和 Na^+ 离子交换反应,相比于岩溶水中浓度(11.3%),混合水中 Na^+ 浓度上升至 17.9%。因此,流域水体中 $[Na] = [Na]_{降水} + [Na]_{盐岩} + [Na]_{人为污染} + [Na]_{硅酸盐岩}$,已知 $[Na]_{降水} = 0.0727$ mmol/L,$[Na]_{人为污染} + [Na]_{盐岩} \approx [Cl]$,可求得 $[Na]_{硅酸盐岩}$。根据硅酸盐风化的 $Ca^{2+}/Na^+ = 0.2$ 和 $Mg^{2+}/K^+ = 0.5$ 的关系估算不同水源类型中硅酸盐岩与碳酸盐岩溶解的阳离子比例,即 $X_{硅酸盐岩} = (1.4 \times [Na]_{硅酸盐岩} + 2 \times [K]_{硅酸盐岩})/([Na] + [K] + 2 \times [Ca] + 2 \times [Mg])$,$X_{碳酸盐岩} = 1 - X_{硅酸盐岩}$。计算得到取样点中硅酸盐岩平均溶解的贡献比例:岩溶水为 1.51%,外源水为 6.17%,混合水为 14.85%。

6.3.2　岩溶碳循环形成的地质背景因素

根据《土地利用现状分类》(GB/T 21010—2017),分别在耕地(水浇地,植小麦、玉米等)、园地(果园,植核桃树、桃树、杏树等)、林地(包括植柏树、黄栌、五角枫等的乔木林地,以及长有黄荆、构树等的灌木林地)、其他草地(杂草为主,间有黄荆,碳酸盐岩裸岩分布)埋设 32 个(96 组)溶蚀试片点,其中乔木林地 11 个点,灌木林地 7 个点,耕地 8 个点,园地 3 个点,草地 3 个点,共计试片数 396 片。试片经一水文年的埋设后取回,2016 年 7 月埋放,2017 年 7 月取回,丢失、损毁 32 片,其他试片均已回收,回收率 91.92%。除 13 片重量略有增加外,其他试片重量均减少,每层位均以 3 组平行试片的平均失重量计算溶蚀速率,再根据相同植被类型埋放的试片点数来计算不同层位的平均溶蚀速率。溶蚀量见图 6.6。总体上,不同土地利用现状条件下溶蚀速率按照耕地、园地、林地、草地的顺序增加,区域年平均溶蚀速率分别为 0.13、0.19、0.23、0.38 mg/(cm^2·a),全年平均值为 0.23 mg/(cm^2·a)。其中,林地中乔木林地的溶蚀速率为 0.24 mg/(cm^2·a),略高于灌木林地的 0.21 mg/(cm^2·a),林地年平均溶蚀速率与所有测试点的年平均值一致。

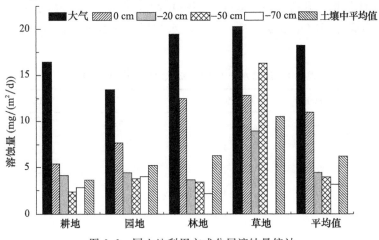

图 6.6　同土地利用方式分层溶蚀量统计

大气组试片溶蚀速率均显著大于土壤中所有点,而土壤中,表层溶蚀速率又显著高于土壤中其余三层位。三层位之间差异相对较小,这可能与岩溶区偏高的土壤无机碳含量对碳酸盐岩溶蚀的抑制直接相关。在降水量小蒸发量大的半湿润半干旱气候条件下,方解石饱和指数(SIC)低的降水进入富钙偏碱的岩溶区土壤后会先溶解部分土壤中原有碳酸钙,向下运移过程中土壤水 SIC 逐步增大至过饱和而发生碳酸盐岩沉积,从而出现少部分试片埋设一水文年后重量不减反增的现象。这一过程也使得土壤水的溶蚀侵蚀性降低,进而造成土壤中试片溶蚀速率较地表低。

6.3.3 岩溶碳循环水文地质因素

(1)外源水对岩溶作用的影响

研究区水体的 HCO_3^- 浓度、pH 值、SIC、SID 及 CO_2 分压 PCO_2 等数据见表 6.1。研究区的 HCO_3^- 浓度变化特征为岩溶水>混合水>外源水,且补给区岩溶水 HCO_3^- 浓度高于下游径流区岩溶水 HCO_3^- 浓度,径流区混合水 HCO_3^- 浓度高于排泄区混合水 HCO_3^- 浓度,地下外源水的 HCO_3^- 浓度高于地表外源水的 HCO_3^- 浓度。上游的大水井、高而、大佛和红岭村属于变质岩分布区,但是其 HCO_3^- 浓度均处于岩溶山区,山体高差较大,地下水运移过程中水岩作用较为充分,且调查点周围山体植覆盖率良好,多种植人工柏树林及果树,根系呼吸作用产生的 CO_2 可溶于大气降水进入地下水系统,故取样点处 PCO_2 值、HCO_3^- 浓度相对较高。补给区的阴离子以 HCO_3^- 为主,阳离子以 Ca^{2+} 为主,在流动过程中伴随岩溶水的蒸发浓缩作用,部分 Ca^{2+} 结合 CO_3^{2-} 形成溶解度较小的碳酸盐析出,因此在流域下游崔家、寨而头和相家庄处岩溶地下水形成 SO_4^{2-}、HCO_3^- 两种优势阴离子以及 Ca^{2+}、Mg^{2+} 共存的局面。但由于下游处 PCO_2 降低,下游处岩溶水 HCO_3^- 浓度相较补给区有所下降。卧虎山水库、宅科、寨而头和崔马庄 4 处地表水均受岩溶水和外源水共同补给,在接受岩溶水、变质岩外源水及大气降水直接补给的同时,排泄区另有松散岩类孔隙水作为外源水汇入,故崔马庄处 HCO_3^- 浓度较其上游处 3 点明显下降,汇入的岩溶水在演化的过程中继续浓缩,水中硫酸盐达到饱和并开始析出,便形成以 Cl^-、SO_4^{2-}、HCO_3^- 和 Na^+、Ca^{2+} 为主的高矿化度地下水。西营位于南部山区变质岩分布区,受大气降水补给,地下水 HCO_3^- 含量和 pH 值(7.13)都很低。由于蒸发浓缩作用,石窑处 HCO_3^- 浓度和 pH 值均有升高。通过取样点 HCO_3^- 浓度对比可知,外源水 HCO_3^- 浓度较岩溶水低,而 pH 值高低与 HCO_3^- 浓度有关。当外源水与岩溶水混合后,pH 值降低,对碳酸盐岩的侵蚀能力增强。

表 6.1　流域水样 HCO_3^-、SIC、SID 以及 PCO_2 数据

取样点	pH 值	HCO_3^- 浓度/(mmol·L^{-1})	SIC	SID	PCO_2/kPa
红岭村	7.38	4.036	0.13	−0.36	8.51
红岭村	7.42	4.346	0.21	−0.15	8.32
大水井	7.2	4.915	0.08	−0.23	15.49
大佛	7.30	4.320	0.11	−0.34	10.96
高而	7.32	4.527	0.13	−0.31	10.96
崔家	7.88	3.932	0.63	0.38	2.57

取样点	pH 值	HCO$_3^-$ 浓度/(mmol·L^{-1})	SIC	SID	PCO$_2$/kPa
寨而头	7.65	3.984	0.56	0.29	4.47
相家庄	7.47	4.863	0.44	−0.12	8.13
石窑	7.33	4.501	0.16	−0.05	10.96
柳埠	7.31	3.518	−0.12	−0.64	8.91
西营	7.13	1.992	−0.60	−1.47	8.13
大门牙	7.42	2.587	−0.09	−0.55	5.37
九曲	7.48	3.880	0.24	−0.04	6.16
卧虎山水库 1	7.54	3.053	0.04	−0.07	4.57
卧虎山水库 2	7.61	3.104	0.10	0.05	3.89
卧虎山水库 3	7.59	3.208	0.08	−0.03	4.17
宅科	7.67	3.285	0.29	0.33	3.72
寨而头	7.52	3.415	0.12	−0.05	5.25
崔马庄	7.68	1.188	−0.09	−0.06	1.35

（2）外源水对碳酸盐岩溶蚀的影响分析

SIC 和 SID 分别代表方解石和白云岩在水中的饱和指数,它们分别可以反映方解石和白云岩在水中的溶解程度(Pedley et al.,1996),根据表 6.1 中的数据,SIC 表现在不同水源性质中的规律为 SIC$_{岩溶水}$>SIC$_{混合水}$>SIC$_{外源水}$。当 SIC 大于 0.8 时,会产生碳酸岩沉积现象,相反,碳酸岩可以在水中持续溶解(刘再华,2001)。据调查点水样的 SIC、SID 值可以发现,玉符河流域岩溶水和混合水水体均达到方解石的溶蚀饱和,同时可以满足方解石的持续溶解。自然条件下白云岩的溶解平衡值要高于方解石,这是由于 Mg^{2+} 的溶解度大于 Ca^{2+}。当 Ca^{2+} 达到饱和发生沉淀时,白云岩依旧可以继续溶解,故多处调查点 SID 为负值。人为影响导致水中 SO$_4^{2-}$ 浓度自上游至下游逐渐升高,因 CaSO$_4$ 溶解度小,导致中下游混合水中 Ca^{2+} 浓度平均值低于上游外源水和岩溶水中 Ca^{2+} 浓度平均值。Mg^{2+} 的溶解度大于 Ca^{2+},混合水中 Mg^{2+} 浓度均高于岩溶水和外源水,且 Mg^{2+} 主要由白云岩溶蚀产生,故中下游混合水中 SID 高于上游岩溶水和外源水中 SID。从 Mg^{2+}/Na$^+$ 和 Ca^{2+}/Na$^+$ 的关系中可以鉴别方解石、白云岩和硅酸岩的物源,图 6.7 表示了玉符河流域 Mg^{2+}/Na$^+$ 和 Ca^{2+}/Na$^+$ 的关系,从图中可以看到,混合水和外源水中白云岩溶解要高于岩溶水,且混合水中白云岩溶解度最高,符合针对表 6.1 中 SIC 和 SID 值的分析。西营处外源水与红岭村、大水井处岩溶水汇合,流经九曲形成地表水。九曲位于锦绣川水库上游,地表水被锦绣川水库拦截流速缓慢,可充分进行水岩作用,因此九曲处 SIC、SID 均高于西营、红岭以及大水井三处,证明外源水的汇入增强了其溶蚀能力,经充分水岩反应饱和度甚至高于下游岩溶水。相反,未经充分水岩反应的卧虎山水库下游流域径流区混合水,经由卧虎山水库上游南部山区岩溶水与外源水的补给,饱和度均小于径流区岩溶水饱和度。可以确定外源水的汇入对碳酸盐岩的溶蚀为正向作用。黄芬等(2011)在毛村地下河的调查研究也表明,内外源水相互混合提高了岩溶水的溶蚀能力,以致 DIC 含量不断升高,其碳酸盐饱和指数也逐渐增加,SIC 由不饱和达到饱和,增加了岩溶碳汇的通量。

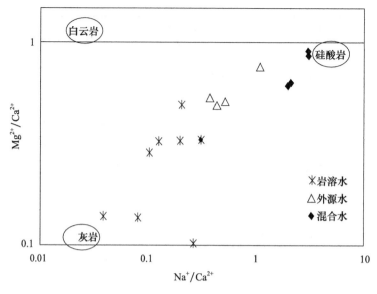

图 6.7 Mg^{2+}/Ca^{2+} 和 Na^+/Ca^{2+} 关系图

6.3.4 岩溶碳循环发生的生态环境条件

(1)不同土地利用方式下的溶蚀速率

土地利用方式及地表覆盖情况是影响碳酸盐岩溶蚀速率的重要因子。随着植被的正向演替,地表覆盖的增加使碳酸盐岩溶蚀速率有增加的趋势(表 6.2)。例如,在广西桂江流域、柳江流域、湘西大龙洞地下河流域,林地和耕地的碳汇溶蚀速率最高,灌丛和草地的最低。山西马刨神泉和山东趵突泉泉域边基本符合以上规律。但是北方的溶蚀速率低于南方碳酸盐岩溶蚀速率一个数量级。这一差距主要体现在南北方的气候类型和植被类型的差异。

表 6.2 不同土地利用方式/覆盖条件下溶蚀速率比较

流域名称	溶蚀速率/(mg/(cm² · a))					
	林地	灌丛	草地	耕地	园地	均值
桂江流域	5.22	2.57	3.54	5.14		3.79
柳江流域	4.37	3.12		3.85		3.57
湘西大龙洞地下河	4.98	3.09		3.70		4.75
山西马刨神泉泉域	0.499	0.126	0.255			0.31
山东趵突泉泉域	0.24	0.21	0.38	0.13	0.19	0.23

(2)土壤水对溶蚀速率的影响

大气或土壤 CO_2 与土壤水结合形成弱酸,碳酸对碳酸盐岩进行溶蚀是岩溶作用正常进行的关键,岩溶作用一般会随着土壤水、CO_2 含量的升高而增强。但二者与岩溶溶蚀速率的关系并非完全呈线性,在湿润地区 CO_2 往往成为限制因子,而在干旱地区水分转而成为限制因子。

在非降水条件下,总体上看来,研究区土壤水含量表层至底层变化并不太大。而土地利用方式、地貌部位、地形条件等都会影响土壤含水量。位于矿村北邻济南林场试验点的平均土壤含水量达 51.6%,佛慧山大佛头垭口西侧东南坡近山顶处的仅 5.12%,相差 10 倍之多;二者溶蚀速率分别为 12.48、4.56 mg/(m² • d),也相差近 3 倍。将土壤含水量与溶蚀速率进行相关分析发现,二者呈正相关关系($y=1.8837x+8.4128,R^2=0.4136$),说明土壤水是试片溶蚀过程的重要影响因素之一。

（3）土壤有机质对溶蚀速率的影响

土壤有机质是指土壤中各种含碳氮化合物,由动植物残体、微生物体和它们不同阶段的分解产物,以及分解产物合成的腐殖质等组成。土壤有机质是土壤的重要组成部分,其含量虽少,但对土壤的物理、化学及生物学性质影响很大,土壤的许多其他属性都直接或间接地与其相关。有机质具备改善土壤理化性质的功能,是表征土壤肥力的一个重要指标。

表层附近生物活动活跃,产生大量代谢产物及残体。地表枯枝落叶较多,这些物质经生物化学分解后变为土壤有机质,成为土壤的一部分。其对土壤性状的改善作用明显,土壤有机质含量较高的部位其土壤孔隙度往往也较高。土壤有机碳会通过分解产生 CO_2 而影响岩溶作用。总体上看来,研究区土壤有机质在表层含量高,随着深度增加而逐渐降低,与溶蚀速率的变化趋势完全协同($y=73.738x+0.0646,R^2=0.9267$),证实土壤有机碳是影响溶蚀速率的重要原因。

6.4　岩溶碳循环过程追踪

6.4.1　水化学法追踪碳酸盐岩的溶蚀过程

化学肥料中酰胺态氮和铵态氮等最终会被氧化为酸性物质,进入地下水。人类活动（主要指研究区农业活动）产生的硝酸和硫酸参与碳酸盐岩的溶蚀,使得碳酸盐岩的溶蚀量增加,地下水中 Ca^{2+}、Mg^{2+}、HCO_3^- 等离子浓度升高,其反应方程如下所示:

$$CaMg(CO_3)_2+H_2SO_4=Ca^{2+}+Mg^{2+}+2HCO_3^-+SO_4^{2-}$$
$$CaMg(CO_3)_2+2HNO_3=Ca^{2+}+Mg^{2+}+2HCO_3^-+2NO_3^-$$

扣除大气降水和人类活动的影响后,流域水体中的离子均来自水-岩作用。其中 Na^+、K^+ 均来自硅酸盐岩的风化,采用 Galy 等提出的硅酸盐岩风化的 $Mg^{2+}/K^+=0.5$,$Ca^{2+}/Na^+=0.2$ 来估算硅酸盐风化对河水的相对贡献;扣除掉硅酸盐风化产生的 Ca^{2+}、Mg^{2+} 后剩余的 Ca^{2+}、Mg^{2+} 则认为来自碳酸盐岩风化。根据阴阳离子电荷守恒,可以计算出硅酸盐岩溶蚀产生的 HCO_3^-,剩余的 HCO_3^- 均为碳酸盐岩风化过程产生（3.4 节）。

根据前面章节的分析,地下河水中 NO_3^- 主要来源于农家肥、土壤 N,SO_4^{2-} 主要来源于大气降水、化肥使用,少部分调查点发现地下水中的 SO_4^{2-} 浓度受到污水排放的影响。NO_3^- 和 SO_4^{2-} 主要以硝酸和硫酸的形式参与碳酸盐岩的溶蚀,对岩溶碳汇效应造成影响。根据 6.2.2 节计算出 2017 年 5—7 月（旱季过渡到雨季）地下水中碳酸对碳酸盐岩、硅酸盐岩,以及硫酸和硝酸溶蚀碳酸盐岩产生 DIC 的比例,并对比 NO_3^-、SO_4^{2-} 各月平均浓度（表 6.3）,发现硝酸和硫酸溶蚀碳酸盐岩产生的 DIC 占比雨季高于旱季,同时 NO_3^-、SO_4^{2-} 离子浓度也呈相同趋势。

表 6.3　不同 DIC 来源比例(%)及地下水中 NO_3^-、SO_4^{2-} 浓度(mmol/L)

	$DIC_{(H_2CO_3-car)}$	$DIC_{(H_2CO_3-sil)}$	$DIC_{(HNO_3)}$	$DIC_{(H_2SO_4)}$	NO_3^- 浓度	SO_4^{2-} 浓度
5 月	20.74	33.49	11.72	34.06	0.550	0.898
6 月	18.69	33.23	12.41	35.88	0.555	0.904
7 月	17.76	33.07	12.42	36.75	0.561	0.928

注:$DIC_{(H_2CO_3-car)}$、$DIC_{(H_2CO_3-sil)}$、$DIC_{(HNO_3)}$ 以及 $DIC_{(H_2SO_4)}$ 分别代表碳酸溶蚀碳酸盐岩、碳酸溶蚀硅酸盐、硝酸溶蚀碳酸盐岩以及硫酸溶蚀碳酸盐岩产生的 DIC 占总 DIC 的比值。

雨水因降水渗入进入地下水系统,携带大量的硫酸和硝酸,因此硝酸和硫酸对碳酸盐岩溶蚀比例高于旱季。由于该地区一般 2、3 月及 8、9 月施肥,调查时施肥和使用农药导致以 NO_3^-、SO_4^{2-} 形式直接排入地下水的情况较少,多为肥料中酰胺态氮和铵态氮等最终被氧化为酸性物质,进入地下水后引起地下水酸化,参与碳酸盐岩溶蚀。当地下水中 NO_3^-、SO_4^{2-} 达到最高值时,$DIC_{(H_2CO_3-car)}$ 出现最低值,各月中各取样点的(NO_3^- + SO_4^{2-})浓度与 $DIC_{(H_2CO_3-car)}$ 的关系呈负相关,与($DIC_{(HNO_3)}$ + $DIC_{(H_2SO_4)}$)呈正相关,且(NO_3^- + SO_4^{2-})与($DIC_{(HNO_3)}$ + $DIC_{(H_2SO_4)}$)相关性系数为 0.942,可以证明 NO_3^-、SO_4^{2-} 几乎全部来自硝酸和硫酸溶蚀碳酸盐岩。

6.4.2　碳同位素追踪碳酸盐岩的溶蚀过程

开放岩溶系统中有碳酸盐岩的溶蚀。地下水 $\delta^{13}C_{DIC}$ 仅反映了其上覆植被或土壤 CO_2 的 $\delta^{13}C_{DIC}$ 值(Deines et al.,1974)。流域内土壤 CO_2 的 $\delta^{13}C$ 平均值为 -19.3‰,CO_2 风化碳酸盐岩产生 2 份分量相等但同位素组成不同的 HCO_3^-,分别来自于碳酸盐岩和土壤 CO_2,则 $\delta^{13}C_{DIC}$ 约为 -9.7‰;硅酸盐岩风化产生的 HCO_3^- 则全部来源于土壤 CO_2,故 $\delta^{13}C_{DIC}$ 值约为 19.3‰;硝酸和硫酸溶解碳酸盐岩产生的 $\delta^{13}C_{DIC}$ 值仅反映碳酸盐岩的 $\delta^{13}C_{DIC}$ 值,平均在 0 左右(刘丛强 等,2008)。假设 DIC 全部来源于碳酸盐岩和硅酸盐岩的风化,则河水的 $\delta^{13}C_{DIC}$ 值可以利用端元混合模型求得,方法如下:

$$\delta^{13}C_{DIC} = \alpha_{sulf}\delta^{13}C_{sulf} + \alpha_{nit}\delta^{13}C_{nit} + \alpha_{car}\delta^{13}C_{car} + \alpha_{sil}\delta^{13}C_{sil}$$

$$\alpha_{sulf} + \alpha_{car} + \alpha_{sil} + \alpha_{nit} = 1$$

式中,α_{sulf}、α_{nit}、α_{car} 和 α_{sil} 分别代表 H_2SO_4 风化碳酸盐岩、HNO_3 风化碳酸盐岩、CO_2 风化碳酸盐岩和硅酸盐岩对河水 DIC 的贡献率。根据阴阳离子质量平衡计算求得流域 α_{sulf}、α_{nit}、α_{car} 和 α_{sil} 平均比值分别为 34.1%、11.7%、20.7% 和 33.5%。通过上式对组成端元进行估算,结果表明,流域实测的 $\delta^{13}C$ 和 $\delta^{13}C_{DIC}$ 基本一致,说明河流输送过程中 DIC 主要来源为岩石的溶蚀。

6.5　岩溶碳汇通量估算

6.5.1　流域碳酸盐岩溶蚀速率与碳汇通量估算

根据形成碳汇的条件和影响因子,利用水化学平衡法和 Glay 估算模型(Galy et al.,1999;韩贵琳 等,2005),对玉符河流域水体离子贡献率以及农业活动对岩溶碳汇产生的干扰进行估算,通过估算不同风化端源对河水溶质的贡献,来估算流域的侵蚀速率及岩石风化消耗大气/土壤 CO_2 量。

人为活动产生的 Ca^{2+}、Mg^{2+}、Na^+ 和 K^+ 离子对河水溶质的贡献很小,可以忽略这些阳离子对河水的贡献。Cl^- 是保守元素,基本上没有分馏,流域的 Cl^- 主要来源于钠盐水解,除此为大气循环或来源于人为活动。根据对当地大气降水全分析得到 $[Cl]$ 循环约为 $0.24\ \text{mmol/L}$,因此对方程进行简化:

$$[Cl]_{循环} = 0.24\ \text{mmol/L}$$

$$[Cl]_{河水} = [Cl]_{循环} + [Cl]_{人为活动} + [Cl]_{NaCl}$$

$$[Na]_{河水} = [Cl]_{循环} + [Cl]_{人为活动} + [Cl]_{NaCl} + [Na]_{硅酸盐岩}$$

$$[SO_4]_{河水} = [SO_4]_{人为活动} + [SO_4]_{大气}$$

$$[K]_{河水} = [K]_{硅酸盐岩}$$

$$[Ca]_{河水} = [Ca]_{碳酸盐岩} + [Ca]_{硅酸盐岩}$$

$$[Mg]_{河水} = [Mg]_{碳酸盐岩} + [Mg]_{硅酸盐岩}$$

采用 Galy 等(1999)提出的硅酸盐岩风化的 $Mg^{2+}/K^+ = 0.5$,$Ca^{2+}/Na^+ = 0.2$ 来估算不同岩石风化对河水的相对贡献,如下所示:

$$[Ca]_{河水} = [Ca]_{碳酸盐岩} + [Na]_{硅酸盐岩} \times 0.2$$

$$[Mg]_{河水} = [Mg]_{碳酸盐岩} + [K]_{硅酸盐岩} \times 0.5$$

碳酸风化碳酸盐的 TDS_{car} 计算公式为

$$TDS_{car} = [Ca]_{碳酸盐岩} + [Mg]_{碳酸盐岩} + 1/2 \times [HCO_3^-]$$

碳酸风化硅酸盐的 TDS_{si} 计算公式为

$$TDS_{si} = [Na]_{硅酸盐岩} + [K]_{硅酸盐岩} + [Ca]_{硅酸盐岩} + [Mg]_{硅酸盐岩} + [SiO_2]_{硅酸盐岩}$$
$$= 1.4 \times [Na]_{硅酸盐岩} + 2 \times [K]_{硅酸盐岩} + [SiO_2]_{硅酸盐岩}$$

风化速率合计为

$$V_{风化} = (TDS_{car} + TDS_{si}) \times Q/A$$

硅酸盐岩风化的 CO_2 消耗量为

$$CO_{2si} = 1.4 \times [Na]_{硅酸盐岩} + 2 \times [K]_{硅酸盐岩}$$

流域总岩石风化 CO_2 消耗量为

$$CO_{2消耗量} = (CO_{2si} + CO_{2car}) \times Q/A = [CO_{2si} + 0.5 \times ([HCO_3^-]_{河水} - CO_{2si})] \times Q/A$$

式中,$CO_{2消耗量}$ 为年平均消耗的 CO_2 含量($\text{mol} \cdot \text{km}^{-2}$);$TDS_{car}$ 表示碳酸盐溶解性总固体;TDS_{si} 表示硅酸盐溶解性总固体;Q 表示年平均流量($\text{m}^3 \cdot \text{a}^{-1}$);$A$ 为流域面积(km^2)。

根据玉符河流域水样中各元素的比值关系,其水化学组成主要来源于碳酸盐岩与硅酸盐岩的风化。使用碳酸溶解产生的 Ca^{2+}、Mg^{2+}、HCO_3^- 离子浓度可以估算碳酸盐岩风化速率,碳酸盐岩溶解的生成的 HCO_3^- 中有 1/2 来源于大气 CO_2,另有 1/2 来源于碳酸盐岩,因此可分别计算得到 TDS_{car} 和 TDS_{si},结合流量及流域面积,可以得到各取样点岩石风化速率。计算后发现(表 6.4),岩溶水的岩石风化速率范围为 $15.71 \sim 21.61\ \text{mm/(km}^2 \cdot \text{a)}$,平均风化速率为 $18.51\ \text{mm/(km}^2 \cdot \text{a)}$;外源水风化速率最低,风化速率范围为 $3.63 \sim 11.20\ \text{mm/(km}^2 \cdot \text{a)}$,平均风化速率为 $8.06\ \text{mm/(km}^2 \cdot \text{a)}$,可见岩溶水的风化速率较外源水差异明显。外源水汇入岩溶水后风化速率明显提高,对岩石的风化速率最高,介于 $16.90 \sim 23.31\ \text{mm/(km}^2 \cdot \text{a)}$,平均速率为 $20.13\ \text{mm/(km}^2 \cdot \text{a)}$。由于外源水促进了岩溶作用的发生,流入岩溶区后,其 DIC 含量升高,碳汇量也逐渐增加。西营外源水到达九曲出口处 CO_2 消耗量由 $3.54\ \text{tCO}_2/(\text{km}^2 \cdot \text{a})$ 提高到 10.94 $tCO_2/(km^2 \cdot a)$，根据 CO_2 消耗量可以估测碳汇量增长近 3.1 倍；大门牙外源水到达卧虎山水库上游出口处 CO_2 消耗量由 7.19 $tCO_2/(km^2 \cdot a)$ 提高到 19.38 $tCO_2/(km^2 \cdot a)$，根据 CO_2 消耗量可以估测碳汇量增长近 2.7 倍。总体来看，CO_2 消耗量呈以下关系：混合水 1（岩溶水＋外源水）＞混合水 2（岩溶水＋外源水＋孔隙水）＞岩溶区＞外源水，岩溶区平均 CO_2 消耗量为 14.34 $tCO_2/(km^2 \cdot a)$，变质岩区外源水平均 CO_2 消耗量为 6.82 $tCO_2/(km^2 \cdot a)$，汇入岩溶水和孔隙水后平均 CO_2 消耗量升高至 15.87 $tCO_2/(km^2 \cdot a)$。根据催马庄处碳汇量的计算可得玉符河流域年总碳汇量为 6321 tCO_2/a；市区泉群为济南泉域集中排泄带，属于混合水，根据排泄区 5 个取样点泉水入口处水化学数据，估算出济南泉域平均 CO_2 消耗量为 24.07 $tCO_2/(km^2 \cdot a)$，故泉域总年均碳汇量为 29361 tCO_2/a。

表 6.4　岩溶区不同水源类型岩石风化速率及碳汇速率估算

类型	编号	名称	水源类型	流量 /(亿 $m^3 \cdot a^{-1}$)	流域面积 /km^2	岩石风化速率 /($mm \cdot ka^{-1}$)	碳汇速率 /($tCO_2/(km^2 \cdot a)$)	碳汇速率平均 ($tCO_2/(km^2 \cdot a)$)
地下水	S01	红岭Ⅰ	岩溶水	0.031	21	15.71	12.97	14.34
	S02	红岭Ⅱ		0.031	21	17.97	14.28	
	S04	大水井		0.043	29.6	20.62	16.24	
	S06	大佛		0.029	20	18.41	14.05	
	S09	北高尔		0.054	37	18.76	15.27	
	S14	崔家		0.016	11	17.39	12.61	
	S16	寨而头		0.041	28	17.65	12.81	
	S18	相家庄		0.029	20	21.61	16.51	
	S07	石窑	外源水	0.014	22	8.57	6.93	6.82
地表水	S03	西营	外源水	0.019	30	3.63	3.54	
	S08	柳埠		0.065	54	11.20	9.61	
	S10	大门牙		0.168	140.25	8.84	7.19	
	S05	九曲		0.060	50.2	17.21	10.94	
	S11	卧虎山水库上游		0.684	386.75	22.50	19.38	
	S12	卧虎山水库中游	外源水＋岩溶水＋孔隙水	0.684	386.75	22.76	19.64	15.87
	S13	卧虎山水库下游		0.684	386.75	23.31	20.12	
	S15	宅科		0.479	398.75	18.55	14.02	
	S17	寨而头		0.477	397.25	16.90	12.19	
	S19	催马庄		0.864	427.75	19.63	14.78	
排泄区			外源水＋岩溶水	2.336	1220	31.9	24.07	24.07

6.5.2　外源水、外源酸对流域碳循环的影响

（1）外源水对岩溶碳汇影响

图 6.8 为流域 Ca^{2+}、Mg^{2+} 与排除掉人为污染后 Na^+ 标准摩尔比值的变化关系。从图中可以看出，玉符河流域离子主要来源于硅酸盐岩和碳酸盐岩的风化，且岩溶水中离子主要来源于碳酸盐岩风化，外源水和混合水中硅酸盐岩产生离子的比重较大。外源水促进了岩溶作用的发生，外源水汇入岩溶区后，水岩作用加强，SIC 指数不断升高，由不饱和变为饱和。根据各取样点处碳酸溶蚀硅酸盐岩所消耗的 CO_2 量与总 CO_2 消耗量的比值，可计算外源水在岩溶过程中的贡献比例，计算结果显示，硅酸盐岩溶蚀过程中外源水碳汇贡献率平均为 28.20%，纯碳酸盐岩溶中硅酸盐的平均碳汇贡献率为 8.13%，但混合水中外源水的碳汇贡献率为 72.04%，显著大于前两者。已有研究（刘梦醒，2016）表明，混合水中外源水碳汇贡献率的提高主要为外源水对碳酸盐岩的溶蚀量的增加，可以认为外源水侵入后加速了碳酸盐岩的溶蚀，提高了碳汇速率。前人（刘朋雨 等，2020）对岩溶碳汇的估算过程中，未考虑外源水对岩溶碳汇作用的影响，可能导致估算出的岩溶碳汇值比实际值偏小。因此，研究外源水对岩溶碳汇的影响，对于准确估算岩溶区的碳汇通量具有重要的理论与现实意义。

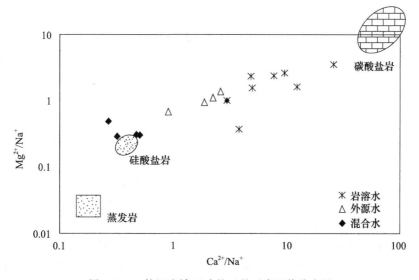

图 6.8　玉符河流域 Na^+ 校正的元素比值分布图

（2）农业活动对岩溶碳汇的影响

地下水中 $\delta^{15}N_{NO_3}$ 证实济南泉域地下水中 NO_3^- 主要来自于化肥、土壤 N、有机肥（人畜粪便）和人为污水排放。对水化学参数的分析和计算证实地下水中的 NO_3^-、SO_4^{2-} 基本来自于硝酸和硫酸溶蚀碳酸盐岩的反应，其产生的 $[HCO_3^-]_{H_2SO_4+HNO_3}$ 占总 HCO_3^- 浓度的 45.78%，其产生的 HCO_3^- 会对岩溶碳汇通量的计算产生干扰，因此需要在 6.5.1 节的基础上将外源酸产生的 $[HCO_3^-]_{H_2SO_4+HNO_3}$ 在总 $[HCO_3^-]$ 中进行扣除。扣除后济南泉域排泄区碳酸盐岩溶蚀和硅酸盐岩溶蚀产生的 $DIC_{(H_2CO_3-car)}$ 和 $DIC_{(H_2CO_3-sil)}$ 平均值分别为 1.44 和 0.89 mmol/L，计算得到流域碳汇速率为 16.37 $tCO_2 \cdot (km^2 \cdot a)^{-1}$，流域总年均碳汇量为 19967 $tCO_2 \cdot a^{-1}$，为未扣除外源酸影响前 29361 $tCO_2 \cdot a^{-1}$ 的 68.01%。扣除外源酸影响后计算得到外源水贡献率为 69.76%，比未扣除前

(66.53%)提高了 3.23%。从计算结果可以看出,农业活动引入外源酸,导致水体中[HCO₃⁻]升高,计算结果比准确值偏大。

(3)南北方岩溶碳汇速率比较

催马庄为玉符河排泄总出口,扣除外源酸影响后该处碳汇速率为 12.97 tCO$_2$/(km^2·a)。由于济南岩溶泉域排泄区距离南部非岩溶区距离远,外源水在岩溶区进行水-岩作用时间长于玉符河流域,因此碳汇速率要高于催马庄,为 16.37 tCO$_2$/(km^2·a)。相比较同纬度山西三川河流域,其碳汇速率仅为 5.28 tCO$_2$/(km^2·a),远低于济南泉域碳汇速率。但南北方碳汇速率之间的差距更为明显,我国南方的主要河流如长江流域(张连凯 等,2016)、珠江流域(覃小群 等,2013)的碳汇速率,其碳汇速率分别为 20.54、25.12 tCO$_2$/(km^2·a)。三川河、济南泉域及中国南方几大流域的碳汇速率差异,主要受制于降雨、温度等气候条件。

6.6　小结

玉符河流域是我国北方典型的岩溶小流域,是济南岩溶大泉的主要补给区。南部属于泰山山麓,北部属于济南泉域排泄区,整个流域是济南泉域南部的重要径流补给区。南部泰山群基底是整个流域的外源水来源。区域内人口密度大,农业活动强烈,是研究人类活动对碳循环的理想场所。

水化学分析显示,流域的地下水化学类型为 HCO₃-Ca 和 HCO₃-Ca·Mg 型,地表水水化学类型为 HCO₃·SO₄-Ca·Mg 型。水体中各元素主要来源于水岩作用,并且以碳酸溶蚀为主。硅酸盐岩平均溶解的贡献比例中,岩溶水为 1.51%,外源水为 6.17%,混合水为 14.85%。人为污染较大是流域内 Na$^+$、Cl$^-$、SO$_4^{2-}$ 浓度大幅增长的主要原因。

据调查点水样的 SIC、SID 值发现,由于内外源水相互混合,提高了岩溶水的溶蚀能力,以致 DIC 含量不断升高,其碳酸盐饱和指数也逐渐增加,SIc 由不饱和达到饱和,增加了岩溶碳汇的通量。

不同土地利用现状条件下研究结果表明,随着植被的正向演替,地表覆盖增加,碳酸盐岩溶蚀速率有增加的趋势。林地和耕地的碳汇溶蚀速率最高,灌丛和草地的最低。气候类型差异和植被类型的差异是造成南北方差异的重要原因。

岩溶作用一般会随着土壤水、CO$_2$ 含量的升高而增强。土壤有机质与溶蚀速率的变化趋势完全协同,是影响试片溶蚀过程的重要影响因素之一。化学肥料产生的硝酸和硫酸参与碳酸盐岩的溶蚀,使得碳酸盐岩的溶蚀量增加,地下水中 Ca^{2+}、Mg^{2+}、HCO₃⁻ 等离子浓度升高。因此证实土壤水、土壤 CO$_2$ 含量、土壤有机质及化学肥料施加是影响溶蚀速率的重要原因。

本研究的结果表明,岩溶水的岩石风化速率为 18.51 mm/(km^2·a);外源水平均风化速率为 8.06 mm/(km^2·a),可见岩溶水的风化速率较外源水差异明显。外源水汇入岩溶水后风化速率明显提高混合水对岩石的风化速率最高,平均为 20.13 mm/(km^2·a)。从 CO$_2$ 消耗量来看,不同混合类型的水呈现混合水 1(岩溶水+外源水)>混合水 2(岩溶水+外源水+孔隙水)>岩溶区>外源水的趋势,岩溶区平均 CO$_2$ 消耗量为 14.34 tCO$_2$/(km^2·a),变质岩区外源水平均 CO$_2$ 消耗量为 6.82 tCO$_2$/(km^2·a),汇入岩溶水和孔隙水后平均 CO$_2$ 消耗量升高至 15.87 tCO$_2$/(km^2·a)。

　　流域总年均碳汇量为 19967 $tCO_2 \cdot a^{-1}$，为未扣除外源酸影响前 29361 $tCO_2 \cdot a^{-1}$ 的 68.01%。扣除外源酸影响后计算得到外源水贡献率为 69.76%，比未扣除前(66.53%)提高了 3.23%。

　　相比较同维度的山西三川河流域，其碳汇速率仅为 5.28 $tCO_2/(km^2 \cdot a)$，远低于济南泉域碳汇速率。但受制于降雨、温度等气候条件，玉符河流域的碳汇速率明显低于我国的南方的长江流域和珠江流域。

第7章 黄河流域碳循环与碳汇通量估算

7.1 河水离子成分及来源分析

黄河水的 TDS 含量很高,为 $400\sim800$ mg/L,平均为 534 mg/L,远高于世界河流的平均 TDS 值(100 mg/L)。从黄河水化学的阴、阳离子 Piper 图(图 7.1)可以看出,河水中 $Ca^{2+}>$ $Na^+>Mg^{2+}>K^+$,Na^++Ca^{2+} 占阳离子当量浓度的一半以上;阴离子中 HCO_3^- 占主导地位,含量超过 50%;Si^{4+} 在河水中的含量很低,浓度为 $0.02\sim0.14$ mmol/L(表 7.1)。

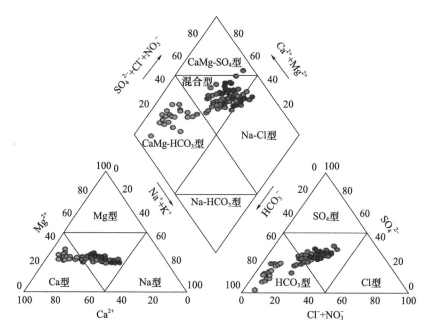

图 7.1 黄河水化学 Piper 三线图(见彩插)

黄河流域河水溶解性总阳离子当量(TZ^+)变化范围为 $3109\sim12099$ $\mu eq/L$,均值为 7940 $\mu eq/L$,显著高于全球河水均值(1250 $\mu eq/L$)(Meybeck,1987),也高于我国乌江流域河水均值(4.14 meq/L)和长江流域河水均值(2.8 meq/L)(Han et al.,2004)。黄河各站点离子浓度含量如表 7.1 所示。

黄河流域上游各站点河水主要阳离子含量均值顺序为 $Ca^{2+}>Mg^{2+}>Na^+>K^+$,以 Ca^{2+} 为主,占溶解性总阳离子当量比例范围为 35%~63%,均值为 49%;主要阴离子含量均值顺序为 $HCO_3^->SO_4^{2-}>Cl^-$,以 HCO_3^- 为主,占溶解性总阴离子当量比例范围为 65%~88%,均值为 78%,河水水化学类型以 HCO_3-Ca 型为主;花园口站点河水主要阳离子含量均值顺序为 $Ca^{2+}>Na^+>Mg^{2+}>K^+$,以 Ca^{2+} 和 Na^+ 为主,占比范围分别为 29%~51% 和 21%~44%,

均值分别为 37% 和 33%；主要阴离子含量均值顺序为 $HCO_3^- > SO_4^{2-} > Cl^-$，以 HCO_3^- 和 SO_4^{2-} 为主，占溶解性总阴离子当量比例范围分别为 30%～51% 和 27%～35%，均值分别为 39% 和 30%，河水水化学类型以 HCO_3-SO_4-Ca-Na 型为主，个别月份河水水化学类型变为 SO_4-Ca-Mg 型和 Cl-Na 型；济南站点河水主要阳离子含量均值顺序为 $Na^+ > Ca^{2+} > Mg^{2+} > K^+$，以 Na^+ 和 Ca^{2+} 为主，占比范围分别为 25%～45% 和 29%～42%，均值分别为 37% 和 35%；主要阴离子含量均值顺序为 $HCO_3^- > SO_4^{2-} > Cl^- > NO_3^-$，以 HCO_3^- 和 SO_4^{2-} 为主，占溶解性总阴离子当量比例范围分别为 30%～45% 和 27%～36%，均值分别为 39% 和 30%，河水水化学类型以 HCO_3-SO_4-Na-Ca 型为主，个别月份河水水化学类型变为 Na-Cl 型。

表 7.1 黄河流域河水水化学组成（单位 μeq/L，pH 值除外）

编号	站点		pH 值	K^+	Na^+	Ca^{2+}	Mg^{2+}	Cl^-	SO_4^{2-}	HCO_3^-	SiO_2
HH01	红旗	最大值	7.59	66.41	890.87	954.13	388.13	496.34	203.65	4904.92	0.11
		最小值	7.26	59.74	706.52	678.75	320.83	372.39	166.77	3545.90	0.05
		均值	7.33	63.33	889.57	751.63	350.42	436.34	191.46	3955.25	0.10
		中间值	7.35	60.26	937.39	816.63	395.21	503.66	195.57	4239.34	0.10
		标准偏差	0.14	3.09	102.16	117.01	34.66	61.15	5.89	571.62	0.03
HH02	民和	最大值	7.88	187.90	3693.91	1620.00	716.00	2573.97	984.17	5883.28	0.31
		最小值	7.22	93.95	1846.96	810.00	358.00	1286.99	492.08	2941.64	0.15
		均值	7.65	117.44	2308.70	1012.50	447.50	1608.73	615.10	3677.05	0.19
		中间值	7.56	111.56	2193.26	961.88	425.13	1801.78	688.92	4118.30	0.22
		标准偏差	0.27	41.35	812.84	356.48	157.55	546.97	209.14	1250.20	0.07
HH03	靖远	最大值	7.96	1347.69	120684.78	6541.50	16976.56	99650.70	25560.94	10312.87	0.23
		最小值	7.10	700.80	62756.09	3401.58	8827.81	51818.37	13291.69	5362.69	0.12
		均值	7.35	898.46	80456.52	4361.00	11317.71	66433.80	17040.63	6875.25	0.15
		中间值	7.29	889.48	79651.96	4317.39	11204.53	65769.46	16870.22	6806.49	0.15
		标准偏差	0.37	274.62	24591.94	1332.96	3459.31	20305.83	5208.55	2101.45	0.05
HH04	白家川	最大值	7.59	203.30	9573.22	990.08	1218.05	4983.73	1559.61	6822.74	0.22
		最小值	6.33	127.06	5983.26	618.80	761.28	3114.83	974.76	4264.21	0.14
		均值	7.05	149.49	7039.13	728.00	895.63	3664.51	1146.77	5016.72	0.16
		中间值	6.56	140.52	6616.78	684.32	841.89	3444.64	1077.96	4715.72	0.15
		标准偏差	0.56	33.43	1574.39	162.83	200.32	819.61	256.49	1122.05	0.04
HH05	泉眼山	最大值	7.98	375.08	94825.00	5109.16	8127.86	50321.41	22149.48	5046.05	0.24
		最小值	7.16	290.28	73386.30	3954.05	6290.26	38944.39	17141.77	3905.20	0.19
		均值	7.65	326.15	82456.52	4442.75	7067.71	43757.75	19260.42	4387.87	0.21
		中间值	7.54	313.11	79158.26	4265.04	6785.00	42007.44	18490.00	4212.35	0.20
		标准偏差	0.34	35.83	9057.72	488.03	776.38	4806.72	2115.73	482.00	0.02
HH06	柴庄	最大值	7.69	421.29	7390.17	2584.58	1528.01	5843.92	2986.86	7168.16	0.25
		最小值	7.21	267.49	4692.17	1641.00	970.17	3710.42	1896.42	4551.21	0.16
		均值	7.58	334.36	5865.22	2051.25	1212.71	4638.03	2370.52	5689.02	0.20
		中间值	7.52	324.33	5689.26	1989.71	1176.33	4498.89	2299.41	5518.35	0.19
		标准偏差	0.21	63.52	1114.26	389.69	230.39	881.12	450.35	1080.79	0.04

续表

编号	站点		pH 值	K⁺	Na⁺	Ca²⁺	Mg²⁺	Cl⁻	SO₄²⁻	HCO₃⁻	SiO₂
HH07	华阴	最大值	7.96	282.00	8495.22	1155.05	957.40	4833.44	1414.02	6065.67	0.19
		最小值	7.01	162.69	4901.09	666.38	552.34	2788.52	815.78	3499.43	0.11
		均值	7.51	216.92	6534.78	888.50	736.46	3718.03	1087.71	4665.90	0.15
		中间值	7.69	238.62	7188.26	844.08	699.64	3532.13	1033.32	4432.61	0.14
		标准偏差	0.40	49.60	1494.33	201.96	167.40	845.12	247.24	1060.57	0.03
HH08	大汶口	最大值	7.36	239.79	4442.99	1570.80	699.07	4613.77	1322.88	2612.90	0.01
		最小值	6.59	203.40	3768.61	1332.38	592.96	3913.46	1122.09	2216.30	0.01
		均值	6.95	214.10	3966.96	1402.50	624.17	4119.44	1181.15	2332.95	0.01
		中间值	6.84	235.51	4363.65	1542.75	686.58	4531.38	1299.26	2566.25	0.01
		标准偏差	0.32	17.34	321.26	113.58	50.55	333.61	95.65	188.93	0.00
HH09	贵德	最大值	7.29	60.33	1009.48	836.88	456.08	537.21	265.62	4017.00	0.14
		最小值	6.88	40.84	683.34	566.50	308.73	363.65	179.80	2719.20	0.09
		均值	7.02	46.41	776.52	643.75	350.83	413.24	204.32	3090.00	0.10
		中间值	6.98	51.05	854.17	708.13	385.92	454.56	224.76	3399.00	0.11
		标准偏差	0.18	8.25	138.04	114.44	62.37	73.46	36.32	549.29	0.02
HH10	万家寨	最大值	7.70	190.00	10897.83	1286.81	1348.75	8908.31	2052.27	4654.67	0.03
		最小值	6.99	95.00	5448.91	643.41	674.38	4454.15	1026.13	2327.34	0.01
		均值	7.61	126.67	7265.22	857.88	899.17	5938.87	1368.18	3103.11	0.02
		中间值	7.56	111.47	6393.39	754.93	791.27	5226.21	1204.00	2730.74	0.01
		标准偏差	0.32	41.54	2382.71	281.35	294.89	1947.72	448.71	1017.70	0.01
HH11	花园口	最大值	7.66	239.59	8306.09	1464.60	1110.67	5429.63	1647.50	6278.82	0.14
		最小值	6.88	134.77	4672.17	823.84	624.75	3054.17	926.72	3531.84	0.08
		均值	7.06	149.74	5191.30	915.38	694.17	3393.52	1029.69	3924.26	0.09
		中间值	7.01	164.72	5710.43	1006.91	763.58	3732.87	1132.66	4316.69	0.10
		标准偏差	0.35	46.56	1614.04	284.60	215.83	1055.09	320.14	1220.10	0.03
HH12	泺口	最大值	7.52	259.28	6977.39	1116.40	972.00	4742.31	1456.83	4424.92	0.15
		最小值	6.35	129.64	3488.70	558.20	486.00	2371.15	728.42	2212.46	0.07
		均值	7.00	162.05	4360.87	697.75	607.50	2963.94	910.52	2765.57	0.09
		中间值	7.22	178.26	4796.96	767.53	668.25	3260.34	1001.57	3042.13	0.10
		标准偏差	0.50	55.15	1484.19	237.47	206.76	1008.76	309.89	941.24	0.03
HH13	张肖堂	最大值	7.55	207.49	6281.74	867.30	870.63	4132.96	1274.58	3287.70	0.12
		最小值	6.55	133.38	4038.26	557.55	559.69	2656.90	819.38	2113.52	0.08
		均值	6.88	148.21	4486.96	619.50	621.88	2952.11	910.42	2348.36	0.09
		中间值	6.85	148.35	4491.44	620.12	622.50	2955.06	911.33	2350.71	0.09
		标准偏差	0.42	32.85	994.41	137.30	137.82	654.26	201.77	520.45	0.02
HH14	三门峡	最大值	7.95	233.54	8601.52	1352.79	1215.16	5623.01	1609.01	6322.20	0.12
		最小值	7.24	83.51	3075.70	483.73	434.51	2010.65	575.34	2260.67	0.04
		均值	7.82	141.54	5213.04	819.88	736.46	3407.89	975.16	3831.64	0.07
		中间值	7.56	155.69	5734.35	901.86	810.10	3748.68	1072.67	4214.80	0.08
		标准偏差	0.31	61.79	2275.70	357.91	321.49	1487.68	425.69	1672.66	0.03
全流域均值			7.35	8.62	356.19	115.38	91.07	373.88	662.29	242.53	0.50

河水搬运物质可能来源主要包括岩石/土壤风化以及人为输入（Meybeck，1987；Gaillardet et al.，1999），其中前者主要指 CO_2 或其他酸性介质在水文过程驱动下溶解碳酸盐岩和硅酸盐岩矿物（Yuan，1997），在个别地区，蒸发盐岩溶解和硫化物矿物氧化也较为重要；后者主要以大气沉降、农业施肥、工业和城镇污水排泄为标志。

对大多数河流而言，河水中的主要离子除了来自岩石风化以外，还有雨水和大气的输入甚至污染的影响。就雨水而言，其主要成分，如 Cl^- 很少超过 $30 \times 10^3\,mol/L$，其含量仅为河水 Cl^- 平均含量的 1.4%，可以忽略不计。大气对河水的输入主要是指在岩石风化过程中有大气 CO_2 的参与，最后 HCO_3^- 的形式存在与河水中。

黄河流域兰州以上广泛分布碳酸盐岩矿物（图 7.2），兰州-头道拐段重要支流祖厉河、清水河以及苦水河等，沟谷多切穿黄土，嵌入第三纪甘肃红层，形成富含硫酸盐的高矿化度水（过常龄，1987）。头道拐-花园口段流经黄土高原中心区，黄土中含 15%碳酸岩，5%蒸发岩，黏土矿物含量在 75%左右（许卉 等，2002）。花园口以下流域主要流经第四纪碎屑岩。碳酸盐矿物溶解产生的 Ca^{2+}/Na^+ 和 Mg^{2+}/Na^+ 摩尔比值分别为 50 和 20（Gaillardet et al.，1999），硅酸盐矿物溶解产生的 Ca^{2+}/Na^+ 和 Mg^{2+}/Na^+ 摩尔比值分别为 0.35 和 0.2，蒸发盐溶解产生的 Ca^{2+}/Na^+ 和 Mg^{2+}/Na^+ 摩尔浓度比值分别为 0.17 和 0.02。

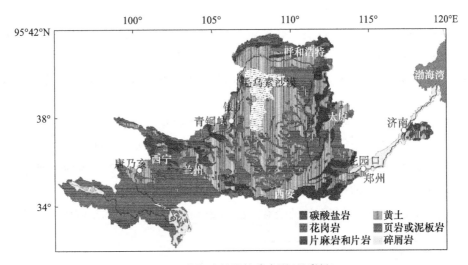

图 7.2　黄河流域岩性分布图（见彩插）

黄河流域河水离子组成主要介于碳酸盐岩矿物风化和硅酸盐岩矿物风化之间（图 7.3），上游站点河水离子组成更靠近碳酸盐岩溶解一端，显示黄河上游碳酸盐岩矿物溶解对河水离子组成的贡献，同时 Na^+ 摩尔浓度较 Cl^- 摩尔浓度高，显示除蒸发盐溶解外，还有硅酸盐岩矿物溶解的贡献（图 7.3）。万家寨站点河水除碳酸盐岩矿物溶解外，蒸发盐岩和硅酸盐岩溶解贡献开始增加，花园口站点多数河水 Na^+/Cl^- 靠近蒸发盐（氯化钠）溶解线，说明蒸发盐岩贡献比例增大，与汇集流经黄土高原的河水有关，济南站点多数河水 Na^+ 摩尔浓度较 Cl^- 摩尔浓度高，显示除蒸发盐岩溶解外的硅酸盐岩矿物溶解的贡献。

黄河水中含量最高的盐离子 Na^+ 与阴离子 Cl^-、SO_4^{2-} 呈现正相关关系（相关系数分别为0.9484 和 0.9622）（图 7.4 和图 7.5），说明 $NaCl$、Na_2SO_4 的溶解反应是黄河流域的重要风化过程,而且 Cl^-/Na^+ 和 SO_4^{2-}/Na^+ 的摩尔比值均小于 1,表明 Na^+ 主要来自蒸发岩的风化溶解。

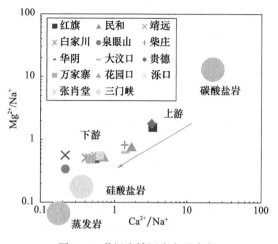

图 7.3　黄河流域河水离子摩尔
当量浓度比值(见彩插)

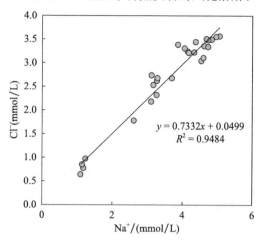

图 7.4　Na^+ 与 Cl^- 相关性分析

黄河水中的阴离子以 HCO_3^- 居多,通过河水 HCO_3^- 与 $Ca^{2+}+Mg^{2+}$ 的相关性分析发现(图 7.6),两者的相关性明显,且比 HCO_3^- 与 Mg^{2+} 的相关性要好(图 7.7),比 HCO_3^- 与 Ca^{2+} 的相关性要差(图 7.8),表明方解石风化溶解对它们的主要贡献最大;其次是白云石的溶解,即它们主要来自碳酸盐的风化作用过程,而且 $Ca^{2+}+Mg^{2+}$ 与 $SO_4^{2-}+HCO_3^-$ 的相关性很好(图 7.9),其比值小于 1,反映了镁硫酸盐或 Ca、Mg 碳酸盐在 H_2SO_4 作用下发生了化学反应,即:

$$MgSO_4 \cdot 2H_2O+H_2O \rightarrow Mg^{2+}+SO_4^{2-}+3H_2O \tag{7.1}$$

$$H_2SO_4+2CaMg(CO_3)_2 \rightarrow 2Ca^{2+}+2Mg^{2+}+SO_4^{2-}+2HCO_3^- \tag{7.2}$$

反应式(7.1)中 Mg^{2+} 与 SO_4^{2+} 的摩尔浓度比为 1∶1,而反应式(7.2)两者的浓度为 2∶1。根据黄河水中 Mg^{2+} 与 SO_4^{2+} 的相关关系(图 7.10)可知,两者比值为 0.8727,更接近 1∶1,因此,反应式(7.1)应占主导地位,Ca^{2+}、Mg^{2+} 的碳酸盐在 H_2SO_4 的作用下发生的反应属次要反应。

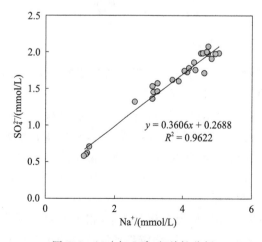

图 7.5　Na^+ 与 SO_4^{2-} 相关性分析

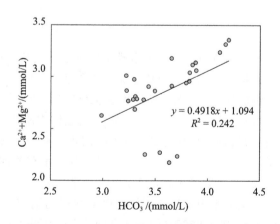

图 7.6　HCO_3^- 与 $Ca^{2+}+Mg^{2+}$ 的相关性分析

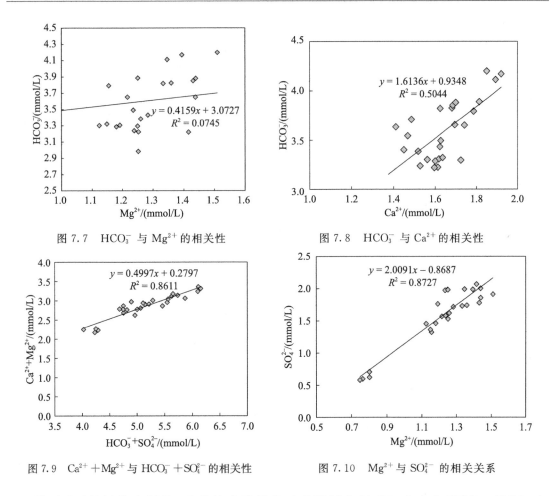

图 7.7　HCO_3^- 与 Mg^{2+} 的相关性　　　　图 7.8　HCO_3^- 与 Ca^{2+} 的相关性

图 7.9　$Ca^{2+}+Mg^{2+}$ 与 $HCO_3^-+SO_4^{2-}$ 的相关性　　　图 7.10　Mg^{2+} 与 SO_4^{2-} 的相关关系

除了碳酸盐风化来源外,硅酸盐岩的风化过程消耗大气 CO_2 也产生 HCO_3^-,HCO_3^- 与 Si^{4+} 的相关性不明显($R^2=0.0918$,图 7.11),暗示仅少量的 HCO_3^- 来自硅酸盐岩的风化过程。溶解 Si^{4+} 全部来自岩石的风化作用,黄河水中的 Si^{4+} 含量较低,阳离子中 Na^+、K^+、Mg^{2+} 与 Si^{4+} 的相关性反而均不如 Ca^{2+} 与 Si^{4+} 相关性明显(图 7.12～图 7.15),说明最可能的硅酸盐风化为钙硅酸盐的溶解作用。

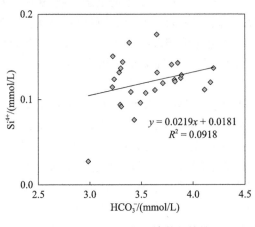

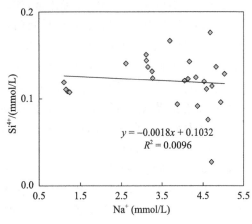

图 7.11　HCO_3^- 与 Si^{4+} 的相关性　　　　图 7.12　Na^+ 与 Si^{4+} 的相关性

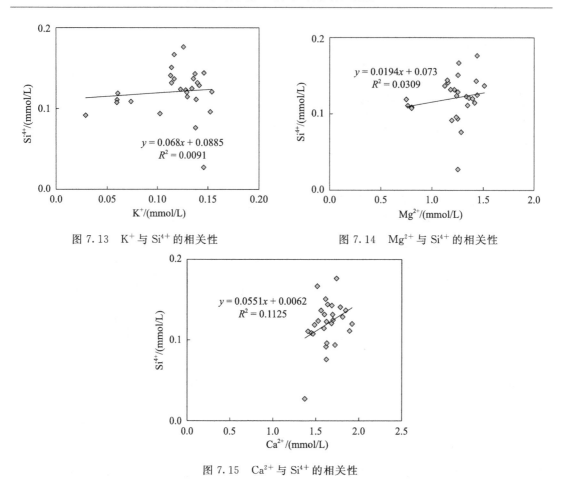

图 7.13 K^+ 与 Si^{4+} 的相关性   图 7.14 Mg^{2+} 与 Si^{4+} 的相关性

图 7.15 Ca^{2+} 与 Si^{4+} 的相关性

7.2 耗水量对黄河碳汇的影响

在化学风化研究方面,河流水体中化学风化来源的离子主要受流域岩石特性、径流量、水岩相互作用时间等诸多因素的影响,而流量是影响流域化学风化的最重要因素。以往对河流流域化学风化的研究多采用实测径流量,如印度河、亚马孙流域、尼日尔河上游流域、法国罗纳河流域、恒河流域、日本群岛、长江流域及西江流域等,诚然许多河流的天然径流量与实测径流量相差无几,特别是在早期。如 Gaillardet 等(1999)对全球溶解载荷较大的 62 条河流的化学风化问题进行系统评估时,所取流量数据为 1920—1980 年天然径流量平均值,除极少数河流外,天然径流量与同期实测径流量几乎相同。

然而随着世界认知持续增加,更低灌溉面积不断扩大,以农业需水为主的流域耗水增加使得河流实测径流量不断减少,如非洲尼罗河、尼日尔河、林波波河、亚洲泽拉夫尚河、澳大利亚达令河等。这一现象在位于中纬度干旱半干旱地区、农业发达地的河流流域内体现更加明显。

黄河是我国西北、华北地区重要的水源,担负着流域内及沿黄地区约 1.4 亿人口、0.15 亿 hm^2 耕地、50 多座大中城市及上百座大型工矿企业的供水任务。目前流域内已建成引水工程 4500 处,提水工程 2.9 万处。在黄河下游还兴建了向两岸海河、淮河平原地区供水的引黄涵闸 94 座,虹吸 29 处。随着国民经济的发展,黄河流域河川耗水量将不断增加。据统计,黄河流域在 20 世纪 50 年代的河川径流耗水量为 118 亿 m^3；90 年代，河川径流耗水量 270 亿 m^3；2011 年，黄河总耗水量为 421.27 亿 m^3，约等于黄河年入海径流量 466.4 亿 m^3。

黄河的耗水量主要是农业灌溉用水，这部分水大部分被植物利用，其中的溶解无机碳参与了陆地碳循环过程。如果不考虑耗水量的贡献无疑将会给估算黄河流域生态系统无机碳收支通量带来巨大的误差。因此，要正确认识黄河流域化学风化作用在河流碳收支中的地位，必须要考虑耗水量的影响。

目前在估算流域化学风化大气 CO_2 消耗量及消耗速率时，大多使用河流实测径流量。由于人为耗水中风化来源溶解离子的产生也消耗了大气 CO_2，从河流取水的同时，把其中岩石风化来源的离子也取走，因此估算流域岩石风化 CO_2 的消耗量及消耗速率时应充分考虑耗水量的贡献。

各河段河水中岩石风化提供的溶解离子的去向包括河段出口断面向下游输送的离子以及随人类活动耗水有输送回陆地的部分（图 7.16）。

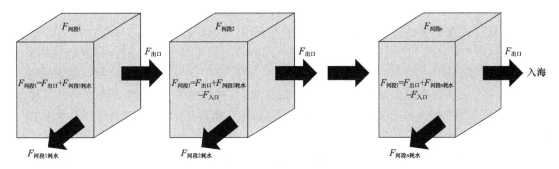

图 7.16　考虑耗水量的风化碳汇计算方法

黄河是世界上浑浊度最高的河流，同时也受到气候变化和人为活动的严重影响，这些过程对黄河碳的性质及输送特征产生了深远的影响。调查大坝对流域碳循环的影响后，选取万家寨大坝分析水利工程引水对流域碳循环的影响。

万家寨水利枢纽工程位于黄河北干流托克托至龙口河段峡谷内，是黄河中游规划开发的 8 个梯级中的第一个工程，也是山西省引黄入晋工程的起点，左岸隶属山西省偏关县，右岸隶属内蒙古自治区准格尔旗。坝址控制流域面积 39.5 万 km^2，水库总库容 8.96 亿 m^3，调节库容 4.45 亿 m^3，具有供水、发电、防洪、防凌等综合效益。万家寨工程建成后，水库运行采用"蓄清排浑"的运行方式，每年向内蒙古和山西省供水可达 14 亿 m^3，其中向内蒙古准格尔旗供水 2.0 亿 m^3，引黄入晋工程从万家寨枢纽取水，年引水总量 12 亿 m^3。

根据万家寨水库多年平均径流量及水化学实测数据，运用碳平衡公式计算水体携带的无机碳通量。计算公式如下：

$$F = 0.5 \times Q \times C$$

式中，F 为碳汇通量（tCO_2/a）；Q 为径流量（m^3/a）；0.5 为系数，是指水体中 HCO_3 有 1/2 来自大气 CO_2。此处有一个前提条件，即万家寨上游所代表的岩石类型主要为碳酸盐岩。万家寨是上游和下游的分界点，上游以碳酸盐岩和蒸发岩为主，但是由于蒸发岩在风化过程中并不产生 HCO_3 也不消耗空气中的 CO_2，对流域碳汇并无影响，因此，此处并不考虑蒸发岩的作用，进而假设水体中的 HCO_3 全部来自碳酸盐岩。

根据上述公式计算得出万家寨年出库的碳汇量为 861 万 tCO_2/a，另外引水工程带走的碳汇量为 49 万 tCO_2/a，两者合计为 910 万 tCO_2/a。对于全流域采用天然径流条件下，黄河全流

域岩石风化大气 CO_2 消耗总量为 1796 万 tCO_2/a ,黄河流域以农业灌溉为主的人为耗水中,每年从黄河引水 370 亿 m^3 ,岩石风化消耗的 CO_2 达到了 1144 万 tCO^2/a ,合计 2940 万 tCO_2/a 。可见,不考虑人为耗水影响所导致的黄河流域岩石风化大气 CO_2 消耗偏低量已经达到了其入海径流量所表征的数量级。

7.3 黄河流域化学风化大气 CO_2 消耗量的估算

自然界中参与碳酸盐岩矿物化学风化反应的媒介主要包括碳酸、硫酸和硝酸等。碳酸来源包括大气 CO_2 溶解以及土壤 CO_2 溶解等(Karim et al. ,2000),硫酸则主要来自大气酸沉降和硫化物矿物氧化,硝酸主要来自酸雨以及铵的化合物氧化等(刘丛强 等,2008)。黄河流域河水 $[Ca^{2+}+Mg^{2+}]/[HCO_3^-]$ 当量浓度比值范围为 1.11~10.49,均值为 2.97,从上游到下游河水 $[Ca^{2+}+Mg^{2+}]/[HCO_3^-]$ 当量浓度比值均值逐渐增加;黄河流域河水中 $[Ca^{2+}+Mg^{2+}]$ 不能被 $[HCO_3^-]$ 完全平衡, $[Ca^{2+}+Mg^{2+}]$ 当量浓度高于 $[HCO_3^-]$ 当量浓度。如果考虑 $[SO_4^{2-}]$,则河水中 $[Ca^{2+}+Mg^{2+}]$ 和 $[HCO_3^-+SO_4^{2-}]$ 为 0.60~5.76,平均值为 1.88。只有靖远站点为 0.92,趋于平衡(表 7.2),说明靖远站点 $[SO_4^{2-}]$ 与部分 $[Ca^{2+}+Mg^{2+}]$ 是同源的,这种来源包括两种途径:一种是硫酸参与碳酸盐岩矿物化学风化,另一种是含 $CaSO_4$ 和 $MgSO_4$ 矿物溶解。但从 $[Ca^{2+}+Mg^{2+}]$ 与 $[SO_4^{2-}]$ 的比值来看,靖远的比值趋于平衡,说明含 $CaSO_4$ 和 $MgSO_4$ 矿物溶解的贡献在增加。从 $[Ca^{2+}+Mg^{2+}]$ 与 $[HCO_3^-+Cl^-]$ 比值来看,民和、柴庄、大汶口、和贵德不能平衡,其余站点基本能够平衡,说明这 4 个站点的 SO_4 主要来自硫酸溶蚀碳酸盐岩,在计算大气 CO_2 消耗的时候应该考虑扣除。

表 7.2 黄河主要站点主要离子摩尔当量比值

站点	编号	$(Ca^{2+}+Mg^{2+})/HCO_3^-$	$(Ca^{2+}+Mg^{2+})/(HCO_3^-+SO_4^{2-})$	$Ca^{2+}+Mg^{2+}/SO_4^{2-}$	$(Ca^{2+}+Mg^{2+})/(HCO_3^-+Cl^-)$
红旗	HH01	1.11	5.76	5.76	1.00
民和	HH02	1.59	2.37	2.37	1.10
靖远	HH03	9.12	0.92	0.92	0.86
白家川	HH04	1.29	1.26	1.42	0.75
泉眼山	HH05	10.49	0.60	0.60	0.96
柴庄	HH06	2.29	1.35	1.38	1.26
华阴	HH07	1.39	1.44	1.49	0.78
大汶口	HH08	3.47	1.66	1.72	1.26
贵德	HH09	1.29	3.87	4.87	1.14
万家寨	HH10	2.26	1.24	1.28	0.78
花园口	HH11	1.64	1.51	1.56	0.88
泺口	HH12	1.89	1.43	1.43	0.91
张肖堂	HH13	2.11	1.33	1.36	0.94
三门峡	HH14	1.62	1.59	1.60	0.86

运用 Galy 模型,计算黄河流域各站点碳酸盐岩溶蚀速率、碳汇速率、碳汇通量。在计算过程中充分考虑黄河流域的耗水量以及 4 个站点硫酸溶蚀碳酸盐产生的影响,可得黄河流域各站点的碳循环速率及通量结果,如表 7.3 所示。

表 7.3 黄河流域各站点的碳循环速率及通量

名称	编号	径流量 /(m³/a)	流域面积 /(万 km²)	碳酸溶蚀硅酸盐岩		碳酸溶蚀碳酸盐岩		合计		
				溶蚀速率 /(mm /(km²·a))	CO₂消耗 /(tCO² /(km²·a))	溶蚀速率 /(mm /(km²·a))	CO₂消耗量 /(tCO² /(km²·a))	合计 CO₂消耗 /(tCO² /(km²·a))	碳汇通量 /(10⁴tCO²/a)	碳酸盐岩 贡献/%
红旗	HH01	26.930	2.55	0.96	3.36	10.21	7.51	10.87	28	69
民和	HH02	26.865	3.29	1.28	1.20	8.49	3.21	4.30	14	75
靖远	HH03	26.414	1.07	16.07	3.14	131.71	4.77	7.91	8	60
白家川	HH04	26.540	3.03	4.19	4.21	9.88	4.64	6.27	19	74
泉眼山	HH05	26.412	1.45	86.57	2.15	46.92	2.99	4.16	6	72
柴庄	HH06	26.544	3.95	1.91	6.95	12.84	4.94	7.13	28	69
华阴	HH07	26.957	13.49	0.86	1.52	2.24	2.31	3.96	53	58
大汶口	HH08	26.582	0.91	1.24	2.27	30.99	4.32	6.23	6	69
贵德	HH09	179.400	13.37	1.03	3.33	10.69	7.46	8.38	112	89
万家寨	HH10	274.400	39.50	1.36	6.33	6.76	1.58	7.91	312	20
花园口	HH11	597.400	73.00	2.24	6.01	8.60	6.06	12.07	881	50
泺口	HH12	607.400	74.49	1.88	3.04	6.38	5.33	8.98	669	59
张肖堂	HH13	604.400	75.00	1.95	8.54	5.53	2.95	8.43	632	35
三门峡	HH14	576.400	68.80	2.25	5.22	8.46	5.95	12.17	837	49

黄河流域控制的总碳汇速率为 7.77 $tCO_2/(km^2 \cdot a)$。虽然上游碳酸盐岩面积略大,碳酸盐岩溶蚀贡献也较大,平均为 73%,但是由于温度较低,溶蚀速率较慢,其平均碳汇速率为 7.12 $tCO_2/(km^2 \cdot a)$。中游几个站点经过黄土区,由于黄土中的次生碳酸盐矿物存在,在水土流失的作用下进入水体,土壤中的碳酸盐矿物与水充分反应,形成的 HCO_3^- 随着水体进入海洋或在河道沉积,形成碳汇,其碳汇速率较大,平均为 8.25 $tCO_2/(km^2 \cdot a)$,其碳酸盐贡献为 53%。下游的碳汇速率平均为 8.70 $tCO_2/(km^2 \cdot a)$,碳酸盐岩贡献为 47%。

利用 Galy 模型对黄河流域主要支流和干流站点不同季节的碳汇速率和碳汇通量进行了估算,结果见表 7.4。4 月,支流的碳汇速率平均为 8 $tCO_2/(km^2 \cdot a)$,干流的平均速率为 10 $tCO_2/(km^2 \cdot a)$。7 月,平均消耗速率支流为 7 $tCO_2/(km^2 \cdot a)$,干流为 9 $tCO_2/(km^2 \cdot a)$。雨季碳汇速率较平水期略有降低,这与雨水的稀释作用有关。平水期支流的碳汇通量最大为渭河(155 万 tCO_2/a),最小为清水河(3 万 tCO_2/a)。进入丰水期后,其碳汇通量变化不大。泺口站点控制的黄河流域总的入海通量平水期和丰水期的碳汇通量分别为 640 万 tCO_2/a 和 653 万 tCO_2/a。黄河流域各支流及主要干流碳汇通量季节变化如图 7.17 所示。

表 7.4　黄河流域主要站点不同季节碳汇通量对比

站点	河流	4 月			7 月		
		CO_2 消耗速率 /(10^3 mol /a $\cdot$ km^2)	CO_2 消耗速率 /(t/($km^2 \cdot a$))	CO_2 消耗总量 /(tCO_2/a)	CO_2 消耗速率 /(10^3 mol /a $\cdot$ km^2))	CO_2 消耗速率 /(t/($km^2 \cdot a$))	CO_2 消耗总量 /(tCO_2/a)
红旗	洮河	354	16	79	307	13	69
民和	湟水	369	16	107	281	12	81
靖远	祖厉河	44	2	4	41	2	4
白家川	无定河	147	6	39	197	9	53
泉眼山	清水河	27	1	3	29	1	4
柴庄	汾河	117	5	41	74	3	26
华阴	渭河	131	6	155	130	6	155
大汶口	大汶河	228	10	18	193	8	15
万家寨	黄河	148	7	257	136	6	235
三门峡	黄河	244	11	784	239	11	767
花园口	黄河	260	11	851	212	9	696
泺口	黄河	211	9	640	215	9	653

根据黄河各站点的碳汇量绘制树状图(图 7.18)。从图中可以看出,黄河流域的碳汇主要来自贵德上游的碳汇贡献,其次为渭河、汾河、洮河等支流的贡献,对黄河流域的碳汇量贡献较大,上游万家寨之前从上游到下游碳汇通量逐渐增加,到中游以后,碳汇通量受沉积作用的影响,碳汇通量明显开始减少。进入下游以后碳汇通量变化不大,特别是从泺口(669 万 t CO_2/a)到张肖堂(632 万 t CO_2/a)碳汇通量变化幅度较小。

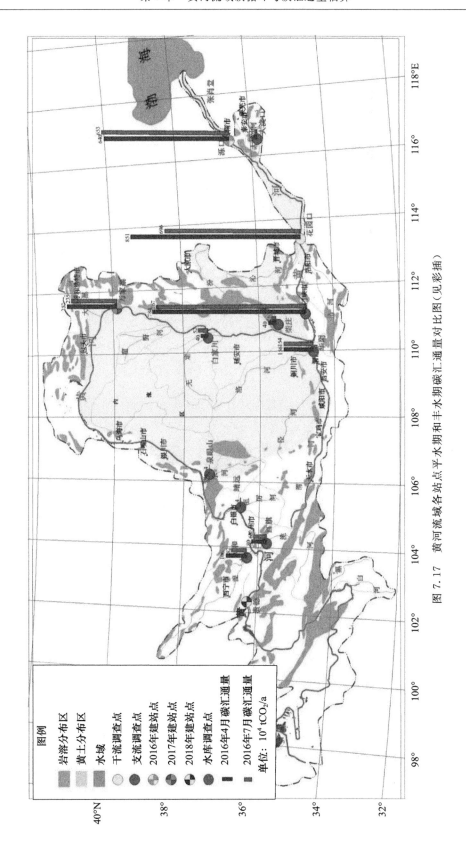

图 7.17　黄河流域各站点平水期和丰水期碳汇通量对比图（见彩插）

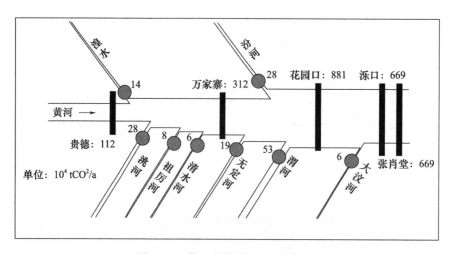

图 7.18　黄河流域碳汇通量树状图

参考文献

蔡焕杰,2003. 大田作物膜下滴灌的理论与应用[M]. 杨凌:西北农林科技大学出版社.

曹广民,等,2009. 三江源区黑土滩型退化草地自然恢复的瓶颈及解决途径[J]. 草地学报,17(1):4-9.

曹建华,袁道先,等,2004. 不同植被下土壤碳转移对岩溶动力系统中碳循环的影响[J]. 地球与环境,32(1):
    90-96.

陈晓龙,范天来,等,2013. 鄂尔多斯高原周缘黄河阶地的形成与青藏高原隆升[J]. 地理科学进展(4):
    595-605.

陈秀玲,张文开,等,2008. 黄土中碳酸盐的研究进展[J]. 新疆有色金属,31(4):21-23.

程建中,李心清,等,2010. 贵州喀斯特地区不同土地利用方式土壤CO_2体积分数变化及影响因素[J]. 生态环
    境学报,19(11):2551-2557.

董维红,苏小四,等,2010. 鄂尔多斯白垩系盆地地下水水-岩反应的锶同位素证据[J]. 吉林大学学报(地球科
    学版),40(2):342-348.

耿安松,文启忠,1988. 陕西洛川黄土中碳酸盐的某些地球化学特征[J]. 地球化学,17(3):267-275.

过常龄,1987. 黄河流域河流水化学特征初步分析[J]. 地理研究,6(3):65-72.

韩贵琳,刘丛强,2005. 贵州喀斯特地区河流的研究[J]. 地球科学进展,20(4):394-406.

韩其为,2009. 黄河调水调沙的效益——黄河调水调沙的根据、效益和巨大潜力之八[J]. 人民黄河,31(5):6-
    9.

贺婧,赵亚平,等,2011. 土壤中游离碳酸钙对土壤 pH 及酶活性的影响[J]. 沈阳农业大学学报,42(5):
    614-617.

黄芬,唐伟,等,2011. 外源水对岩溶碳汇的影响——以桂林毛村地下河为例[J]. 中国岩溶,30(4):417-421.

黄奇波,覃小群,等,2015. 不同岩性试片溶蚀速率差异及意义[J]. 地球与环境,43(4):379-385.

黄奇波,覃小群,等,2016. 半干旱岩溶区土壤次生碳酸盐比例及对岩溶碳汇计算的影响[J]. 中国岩溶,35
    (2):164-172.

贾旖旎,2010. 基于 DEM 的黄土高原流域边界剖面谱研究[D]. 南京:南京师范大学.

贾振兴,臧红飞,等,2015. 柳林泉域滞流区岩溶水的热源及其 Na^+、Cl^- 来源探讨[J]. 中国岩溶,34(6):570-
    576.

蒋定生,黄国俊,1986. 黄土高原土壤入渗速率的研究[J]. 土壤学报,23(4):299-305.

蒋忠诚,袁道先,1999. 表层岩溶带的岩溶动力学特征及其环境和资源意义[J]. 地球学报,20(3):302-308.

蒋忠诚,覃小群,等,2011. 中国岩溶作用产生的大气 CO_2 碳汇的分区计算[J]. 中国岩溶,30(4):363-367.

蓝芙宁,王文娟,等,2017. 不同土地利用方式下土壤CO_2时空分布特征及影响因素——以湘西大龙洞地下
    河流域为例[J]. 中国岩溶,36(4):427-432.

郎赟超,刘丛强,等,2005. 贵阳市地表水地下水化学组成:喀斯特水文系统水-岩反应及污染特征[J]. 水科学
    进展,16(6):826-832.

李福兴,1989. 黄淮海平原砂地土壤的基本特性及其改造利用的初步研究——以山东省夏津县黄河故道区为
    例[J]. 中国沙漠,9(1):47-60.

李红生,刘广全,等,2008. 黄土高原四种人工植物群落土壤呼吸季节变化及其影响因子[J]. 生态学报,28
    (9):4099-4106.

李娜,赵娜,等,2023.高寒人工草地不同植被类型下表层土壤有机碳和无机碳变化及土壤理化因子[J].草地学报,31(8):2361-2368.

李晓光,郭凯,等,2017.滨海盐渍区不同土地利用方式土壤-植被系统碳储量研究[J].中国生态农业学报,25(11):1580-1590.

李旭东,沈晓坤,等,2014.黄土高原农田土壤呼吸特征及其影响因素[J].草业学报,23(5):24-30.

梁永平,王维泰,2010.中国北方岩溶水系统划分与系统特征[J].地球学报,31(6):860-868.

林学钰,廖资生,等,2006.黄河流域地下水资源及其开发利用对策[J].吉林大学学报:地球科学版,36(5):677-684.

刘宝剑,赵志琦,等,2013.寒温带流域硅酸盐岩的风化特征——以嫩江为例[J].生态学杂志,32(4):1006-1016.

刘丛强,蒋颖魁,等,2008.西南喀斯特流域碳酸盐岩的硫酸侵蚀与碳循环[J].地球化学,37(4):404-414.

刘嘉麒,钟华,等,1996.渭南黄土中温室气体组分的初步研究[J].科学通报,41(24):2257-2260.

刘梦醒,2016.外源水对白云岩流域岩溶碳汇的影响[D].贵阳:贵州师范大学.

刘朋雨,张连凯,等,2020.外源水和外源酸对万华岩地下河系统岩溶碳汇效应的影响[J].中国岩溶,39(1):7-14.

刘强,刘嘉麒,2000.北京斋堂黄土剖面主要温室气体组分初步研究[J].地质地球化学,28(2):82-86.

刘强,刘嘉麒,等,2001.山西黄土中主要温室气体组分特征[J].科学通报,46(8):677-680.

刘再华,2001.碳酸酐酶对碳酸盐岩溶解的催化作用及其在大气CO_2沉降中的意义[J].地球学报,22(5):477-480.

刘再华,2012.岩溶作用及其碳汇强度计算的入渗-平衡化学法——兼论水化学径流法和溶蚀试片法[J].中国岩溶,30(4):379-382.

刘志刚,马钦彦,1992.华北落叶松人工林生物量及生产力的研究[J].北京林业大学学报(s5):114-123.

栾军伟,2010.暖温带锐齿栎林土壤呼吸时空变异及其调控机理[D].北京:中国林业科学研究院.

吕婕梅,安艳玲,等,2015.贵州清水江流域丰水期水化学特征及离子来源分析[J].环境科学(5):1565-1572.

牛玉国,2020.黄河流域生态文明建设实践[J].中国水利(17):22-24.

潘根兴,曹建华,等,2000a.岩溶土壤系统对空气CO_2的吸收及其对陆地系统碳汇的意义——以桂林丫吉村岩溶试验场的野外观测和模拟实验为例[J].地学前缘,7(4):580-587.

潘根兴,孙玉华,等,2000b.湿润亚热带峰丛洼地岩溶土壤系统中碳分布及其转移[J].应用生态学报,11(1):69-72.

潘根兴,陶于祥,等,2001.桂林丫吉村表层带岩溶土壤系统中$\delta^{13}C$值的变异[J].科学通报,46(22):1919-1922.

覃小群,刘朋雨,等,2013.珠江流域岩石风化作用消耗大气/土壤CO_2量的估算[J].地球学报,34(3):276-282.

余冬立,2009.黄土高原水蚀风蚀交错带小流域植被恢复的水土环境效应研究[D].北京:中国科学院研究生院(教育部水土保持与生态环境研究中心).

宋超,王攀,等,2017.黄土塬区浅层地下水化学特征及其碳循环意义[J].南水北调与水利科技,15(5):121-126.

孙才志,陈光,等,2004.山西省黄河流域地下水资源分布特征、开采潜力与用水对策分析[J].吉林大学学报(地球科学版),34(3):410-414.

孙美美,关晋宏,等,2017.黄土高原西部3个降水量梯度近成熟油松人工林碳库特征[J].生态学报,37(8):2665-2672.

孙晓悦,曹文庚,等,2023.基于地下水更新能力的黄河下游豫北平原地下水脆弱性研究[J].干旱区资源与环境,37(6):192-200.

唐文魁,高全洲,2013. 河口二氧化碳水-气交换研究进展[J]. 地球科学进展,28(9):1007-1013.

万国江,王仕禄,2000. 我国南方岩溶区和北方黄土区的大气 CO_2 效应[J]. 第四纪研究,20(4):305-315.

万利勤,2008. 济南泉域岩溶地下水的示踪研究[D]. 北京:中国地质大学(北京).

王宝森,2011. 考虑耗水量估算黄河流域化学风化大气 CO_2 消耗量[D]. 青岛:中国海洋大学.

王晓峰,汪思龙,等,2013. 杉木凋落物对土壤有机碳分解及微生物生物量碳的影响[J]. 应用生态学报,24
(9):2393-2398.

文启忠,1989. 中国黄土地球化学[M]. 北京:科学出版社.

吴明清,文启忠,等,1995. 中国黄土的平均化学成分:上部大陆地壳的一种典型代表[J]. 沉积与特提斯地
质(2):127-136.

吴卫华,郑洪波,等,2011. 中国河流流域化学风化和全球碳循环[J]. 第四纪研究,31(3):397-407.

吴永法,1986. 黄河流域环境地质图系之八:水土流失图说明书[Z]. 陕西省地矿局第2水文地质工程地质队.

武肖莉,2014. 南川河万年饱水文站洪峰流量分析[J]. 山西水利(10):6,48.

徐森,李思亮,等,2022. 西南喀斯特流域土地利用对河流溶解无机碳及其同位素的影响[J]. 环境科学,43
(2):752-761.

徐胜友,蒋忠诚,1997. 我国岩溶作用与大气温室气体 CO_2 源汇关系的初步估算[J]. 科学通报,42(9):
953-956.

许卉,杨昕,2002. 黄土中矿物元素的淋溶释放研究[J]. 土壤与环境(1):38-41.

薛亮,2011. 黄海表层水体 CO_2 研究及南大西洋湾浮标 CO_2 分析[D]. 青岛:中国海洋大学.

闫伟,2019. 冀中坳陷下古生界岩溶类型及岩溶模式研究[D]. 北京:中国石油大学.

杨黎芳,李贵桐,等,2006. 土壤发生性碳酸盐碳稳定性同位素模型及其应用[J]. 地球科学进展,21(9):
973-981.

杨青惠,李文平,等,2007. 黄河多泥沙水体总磷测定中保存与前处理方法探讨[C]//中国水力发电工程学会
水文泥沙专业委员会第七届学术讨论会论文集(上册).

杨石岭,丁仲礼,2017. 黄土高原黄土粒度的空间变化及其环境意义[J]. 第四纪研究,37(5):934-944.

佚名,2015. 我国碳交易市场现状[R].

易元俊,史辅成,1987. 黄河中游干流最大洪峰流量特性分析[J]. 水文(5):50-54.

于霞,刘浩,等,2022. $\delta^{13}C$-$\triangle^{14}C$ 探究黄土高原治沟造地区水库溶解性无机碳的迁移转化过程[J]. 矿物岩
石地球化学通报,41(5):974-980.

袁道先,1997. 现代岩溶学和全球变化研究[J]. 地学前缘,4(Z1):21-29.

袁道先,2001. 论岩溶生态系统[J]. 地质学报,75(3):432.

袁道先,2016. 现代岩溶学[M]. 北京:科学出版社.

袁道先,蔡桂鸿,1988. 岩溶环境学[M]. 重庆:重庆出版社.

岳超,胡雪洋,等,2010. 1995—2007年我国省区碳排放及碳强度的分析——碳排放与社会发展Ⅲ[J]. 北京
大学学报(自然科学版),46(4):510-516.

翟大兴,杨忠芳,等,2011. 鄱阳湖流域岩石化学风化特征及 CO_2 消耗量估算[J]. 地学前缘,18(6):169-181.

曾琛,韩强,等,2013. 近60年黄河流域夏季气温和降水的变化特征[J]. 北京农业(9):176-177.

曾成,赵敏,等,2014. 岩溶作用碳汇强度计算的溶蚀试片法和水化学径流法比较——以陈旗岩溶泉域为例
[J]. 水文地质工程地质(1):106-111.

曾永年,冯兆东,2007. 黄河源区土地沙漠化时空变化遥感分析[J]. 地理学报,62(5):529-536.

张东,秦勇,等,2015. 我国北方小流域硫酸参与碳酸盐矿物化学风化过程研究[J]. 环境科学学报,35(11):
3568-3578.

张发旺,2010. 黄河流域地下水均衡、循环和利用模拟与预测研究成果报告[R]. 中国地质科学院水文地质环

境地质研究所,地科院水文地质环境地质研究所.

张佳,王厚杰,等,2012. 黄河中游主要支流输沙量变化对黄河入海泥沙通量的影响[J]. 海洋地质与第四纪地质,32(3)：21-30.

张珂,KE Z,2012. 河流的竞争——以汾河与晋陕黄河形成演化为例[J]. 第四纪研究,32(5)：859-865.

张连凯,覃小群,等,2016. 硫酸参与的长江流域岩石化学风化与大气 CO_2 消耗[J]. 地质学报,90(8)：1933-1944.

张林,孙向阳,等,2011. 荒漠草原土壤次生碳酸盐形成和周转过程中固存 CO_2 的研究[J]. 土壤学报,48(3)：578-586.

张勇,吴福,等,2022. 西江流域化学风化过程及其 CO_2 消耗通量[J]. 地球学报,43(4)：425-437.

张泽宇,张永爱,等,2015. 流域水文模型在临界雨量分析中的应用研究[J]. 人民黄河,37(1)：38-41.

赵景波,袁道先,2000. 西安灞河流域现代岩溶作用与 CO_2 吸收量[J]. 第四纪研究,20(4)：367-373.

邹艳娥,2016. 广西碧水岩流域岩石化学风化过程的碳汇效应[D]. 北京：中国地质大学(北京).

ALBERTO V,et al,2004. Gas transfer velocities of CO_2 in three European estuaries (Randers Fjord,Scheldt, and Thames)[J]. Limnology & Oceanography,49(5):1630-1641.

BARTH J A C,CRONIN A A,et al,2003. Influence of carbonates on the riverine carbon cycle in an anthropogenically dominated catchment basin: evidence from major elements and stable carbon isotopes in the Lagan River (N. Ireland)[J]. Chemical Geology,200(3):203-216.

BLUM J D,GAZIS C A,et al,1998. Carbonate versus silicate weathering in the Raikhot watershed within the High Himalayan Crystalline Series[J]. Geology,26(5):411-414.

CHETELAT B,LIU C-Q,et al,2008. Geochemistry of the dissolved load of the Changjiang Basin rivers: anthropogenic impacts and chemical weathering[J]. Geochimica et Cosmochimica Acta,72(17)：4254-4277.

CORBEL J,1959. Érosion en terrain calcaire (Vitesse d'érosion et morphologie) [J]. Annales De Géographie, 68(366)：97-120.

CURL R L,2012. Carbon shifted but not sequestered[J]. Science,335：6069.

DEINES P,LANGMUIR D,et al,1974. Stable carbon isotope ratios and the existence of a gas phase in the evolution of carbonate ground waters[J]. Geochim Cosmochim Acta,38(7)：1147-1164.

DESSERT C,DUPRE B,et al,2003. Basalt weathering laws and the impact of basalt weathering on the global carbon cycle[J]. Chemical Geology,202(3)：257-273.

FAN KA-WAI, 2014. Climate change and Chinese history: a review of trends, topics, and methods[J]. Wiley Interdisciplinary Reviews Climate Change, 6(2)：225-238.

FETH J H, GIBBS R J,1970. Mechanisms controlling world water chemistry: evaporation-crystallization process[J]. Science,170(3962):1088-1090.

FRANKIGNOULLE M, ABRIL G, et al, 1998. Carbon dioxide emission from European estuaries[J]. Science, 282(5388)：434-436.

GAILLARDET J,DUPRÉ B,et al,1999. Global silicate weathering and CO_2 consumption rates deduced from the chemistry of large rivers[J]. Chemical Geology,159(1)：3-30.

GALY A,FRANCE-LANORD C,1999. Weathering processes in the Ganges-Brahmaputra basin and the riverine alkalinity budget[J]. Chemical Geology,159(1)：31-60.

GRACE J,RAYMENT M,2000. Respiration in the balance[J]. Nature a-z index,404(6780)：819-820.

HAN G,LIU C-Q,2004. Water geochemistry controlled by carbonate dissolution: a study of the river waters draining karst-dominated terrain,Guizhou Province,China[J]. Chemical Geology,204(1)：1-21.

HELENA B,PARDO R,et al,2000. Temporal evolution of groundwater composition in an Alluvial Aquifer (Pisuerga River,Spain) by principal component analysis[J]. Water Research,34(3)：807-816.

JUN X,FEI Z,et al,2016. Spatial characteristics and controlling factors of chemical weathering of loess in the dry season in the middle Loess Plateau,China [J]. Hydrological Processes,30:4855-4869.

KARIM A,VEIZER J,2000. Weathering processes in the Indus River Basin: implications from riverine carbon,sulfur,oxygen,and strontium isotopes[J]. Chemical Geology,170(1): 153-177.

KRETZSCHMAR A,LADD J,1993. Decomposition of ^{14}C-labelled plant material in soil: the influence of substrate location,soil compaction and earthworm numbers[J]. Soil Biology and Biochemistry,25(6): 803-809.

LARSON C,2011. An unsung carbon sink[J]. Science,334(6058): 886-887.

LEE S,AHN K,2004. Monitoring of COD as an organic indicator in waste water and treated effluent by fluorescence excitation-emission (FEEM) matrix characterization[J]. Water Science & Technology,50(8): 57-63.

LI J, HUANG W, et al, 2014. Research on ISO dispatching function of cascade hydropower plants on lower reaches of Yalongjiang River[J]. Water Resources and Power, 32(12): 49-53.

LIU Z,DREYBRODT W,et al,2010. A new direction in effective accounting for the atmospheric CO_2 budget: considering the combined action of carbonate dissolution,the global water cycle and photosynthetic uptake of DIC by aquatic organisms[J]. Earth-Science Reviews,99(3): 162-172.

LIU Z,DREYBRODT W,et al,2011. Atmospheric CO_2 sink: silicate weathering or carbonate weathering[J]? Applied Geochemistry,26: 292-294.

LUDWIG W,AMIOTTE-SUCHET P,et al,1996. River discharges of carbon to the world's oceans: determining local inputs of alkalinity and of dissolved and particulate organic carbon[R].

MADSEN T V,2010. Growth and photosynthetic acclimation by Ranunculus Aquatilis L in response to inorganic carbon availability[J]. New Phytologist,2010,125(4):707-715.

MEYBECK M,1987. Global chemical weathering of surficial rocks estimated from river dissolved loads[J]. American Journal of Science,287(5): 401-428.

MEYBECK M,2003. Global occurrence of major elements in rivers[J]. Treatise on Geochemistry,2003,5(1): 207-223.

MORTATTI J, AUGUSTO R, et al, 2004. Characterization of domestic swage in riverine system using carbon-13 and nitrogen-15 tracers[J]. Revista De Ciencia & Tecnologia, 11: 37-44.

PEDLEY M,ANDREWS J,et al,1996. Does climate control the morphological fabric of freshwater carbonates? A comparative study of Holocene barrage tufas from Spain and Britain[J]. Palaeogeography Palaeoclimatology Palaeoecology,121(3-4): 239-257.

PROBST J L,MORTATTI J,et al,1994. Carbon river fluxes and weathering CO_2 consumption in the Congo and Amazon river basins[J]. Applied Geochemistry,9(1): 1-13.

QIN J,HUH Y,et al,2006. Chemical and physical weathering in the Min Jiang,a headwater tributary of the Yangtze River[J]. Chemical Geology,227(1): 53-69.

RAICH J W,SCHLESINGER W H,1992. The global carbon dioxide flux in soil respiration and its relationship to vegetation and climate[J]. Tellus B,44(2): 81-99.

RAICH J W,POTTER C S,1995. Global patterns of carbon dioxide emissions from soils[J]. Global Biogeochemical Cycles,9(1): 23-36.

SÁNCHEZ M,OZORES M,et al,2003. Soil CO_2 fluxes beneath barley on the central Spanish plateau[J]. Agricultural and forest meteorology,118(1-2): 85-95.

SARMIENTO J,SUNDQUIST E,1992. Revised budget for the oceanic uptake of anthropogenic carbon dioxide [J]. Nature,356(6370): 589-593.

TAYLOR S R, MCLENNAN S M, et al, 1983. Geochemistry of loess, continental crustal composition and crustal model ages[J]. Geochimica et Cosmochimica Acta, 47(11): 1897-1905.

THWAITES A, HALL J, et al, 2022. Contraception after in vitro fertilisation (IVF): a qualitative study of the views of women who have had spontaneous pregnancies after successful IVF[J]. Reproductive Health, 19(1):40.

WATERSON E J, CANUEL E A, 2008. Sources of sedimentary organic matter in the Mississippi River and adjacent Gulf of Mexico as revealed by lipid biomarker and $\delta^{13}C_{TOC}$ analyses[J]. Organic Geochemistry, 39 (4): 422-439.

WEISS R F, 1974. Carbon dioxide in water and seawater: the solubility of a non-ideal gas[J]. Marine Chemistry, 2(3): 203-215.

YADAV S K, CHAKRAPANI G J, 2006. Dissolution kinetics of rock-water interactions and its implications[J]. Current Science, 90(7): 932-937.

YOSHIMURA K, INOKURA Y, 1997. The geochemical cycle of carbon dioxide in a carbonate rock area, Akiyoshi-dai Plateau, Yamaguchi, Southwestern Japan[EB/OL]. http://proc. intern. geol. congr.

YUAN D, 1997. The carbon cycle in karst[J]. Zeitschrift Fur Geomorphologie Supplementband: 91-102.

ZHANG H, JIANG X W, et al, 2023. Geological carbon cycle in a sandstone aquifer: evidence from hydrochemistry and Sr isotopes[J]. Journal of Hydrology, 617: 128913.

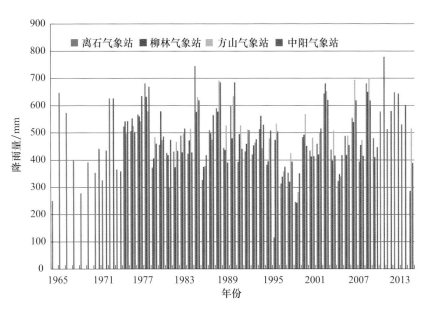

图 1.1　1965—2013 年黄河中游主要气象站降雨量数据

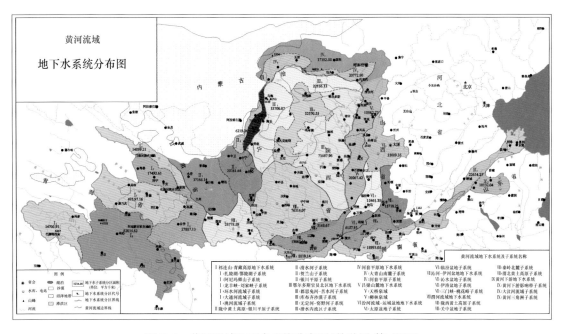

图 2.1　黄河流域地下水系统分布图(林学钰 等,2006)

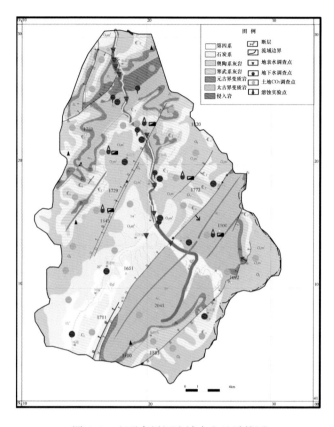

图 4.2　山西南川河流域水文地质简图

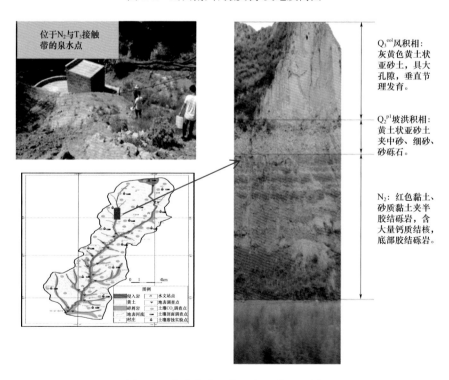

图 5.2　青凉寺沟工作区主要黄土地层

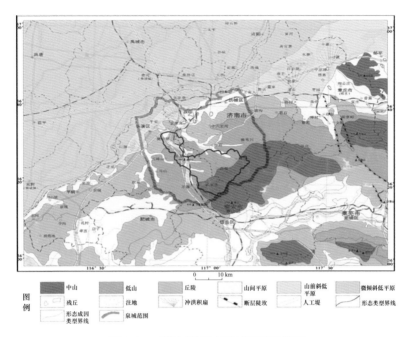

图 6.2 玉符河及济南泉域地形地貌图

图例

中山　低山　丘陵　山间平原　山前斜低平原　微倾斜低平原
残丘　注地　冲洪积扇　断层陡坎　人工堤　形态类型界线
形态成因类型界线　泉域范围

0　10 km

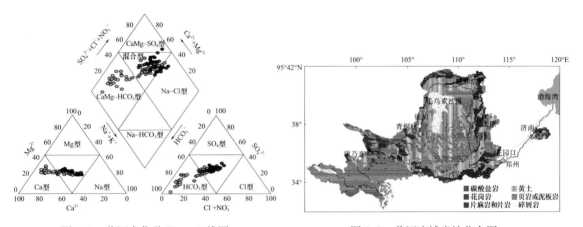

图 7.1　黄河水化学 Piper 三线图　　　　图 7.2　黄河流域岩性分布图

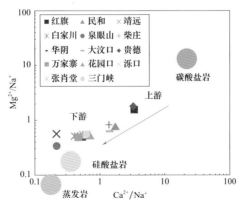

图 7.3　黄河流域河水离子摩尔当量浓度比值

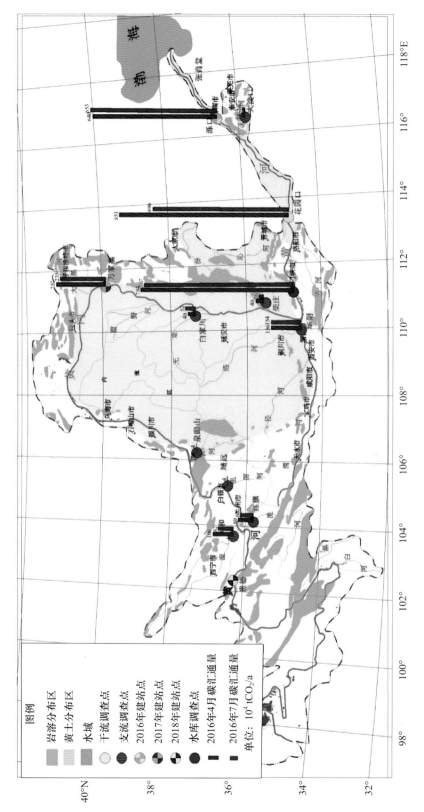

图7.17 黄河流域各站点平水期和丰水期碳汇通量对比图

彩4